U0260548

私家小庭院

设计与布置

刘芝兰 编著

中国电力出版社
CHINA ELECTRIC POWER PRESS

内容提要

现代庭院的设计方法有很多，创意内容也很丰富，案例繁多，各种新型材料更是层出不穷，本书希望能够不拘泥于小庭院景观设计的形式和理论，与大家共同探讨如何营造美丽且舒适的生活空间。

庭院造景是一门综合的艺术，审美没有固有的定义和模式，在了解庭院构景的基础上，对庭院整体的条件做到心中有数，有所准备是第一步。这涉及对整体空间、色彩、风格、植物、材质、小品有整体上的意向和把握，带着自己对功能的需求，按照建造流程将图纸落实到现实中去，最后完善和增减细节部分，完成整个的设计和布置过程。

本书将全套设计流程融汇其中，言简意赅，清晰明了，适合业主、园艺爱好者、庭院设计师和大专院校的师生阅读参考。

图书在版编目（CIP）数据

私家小庭院设计与布置 / 刘芝兰编著 .— 北京：
中国电力出版社，2023.7
ISBN 978-7-5198-7882-5

Ⅰ.①私…　Ⅱ.①刘…　Ⅲ.①庭院—园林设计　Ⅳ.
① TU986.2

中国国家版本馆 CIP 数据核字（2023）第 097834 号

出版发行：中国电力出版社
地　　址：北京市东城区北京站西街 19 号（邮政编码 100005）
网　　址：http://www.cepp.sgcc.com.cn
责任编辑：曹　巍（010-63412609）
责任校对：黄　蓓　王小鹏
装帧设计：王英磊
责任印制：杨晓东

印　　刷：三河市万龙印装有限公司
版　　次：2023 年 7 月第一版
印　　次：2023 年 7 月北京第一次印刷
开　　本：787 毫米 ×1092 毫米　16 开本
印　　张：16
字　　数：328 千字
定　　价：258.00 元

前言
PREFACE

　　家中若有一方小小庭院，自然便触手可及，同时也有了能与家人朋友共聚休闲时光的美妙场所。私家小庭院的存在是非常必要的，它是室内起居的自然户外延展，也是颇具个性化的独立空间。小庭院设计和布置的风格和方法有很多种，要结合建筑和周围的环境及功能来准备。

　　如何将室内空间和户外空间有机地结合起来？如何轻松地完成小庭院的自我建造和完善？需要在了解庭院构成要素，对界面空间和色彩搭配有了基本的意向之后，根据庭院建造流程，选择适合的庭院风格、植物和材质，最后完善立体布局，进行修饰和润色，这样依次深入下去直到完成。

　　本书系统地介绍了私家小庭院的设计和建造方法，全书分为五章，小庭院建造的关键要点部分，从庭院设计的构成要素、界面空间、色彩搭配讲起，并详述了庭院平面布局的建造流程，让读者对庭院构成建立基本的认识，能够把握整体的设计思路和方向。风格解析部分详述了五种流行风格，不局限于具体案例，用案例配合解说的方式选图，帮助读者更直观地梳理风格设计要点，简明扼要，通俗易懂。材质应用部分帮助读者了解材质的选择和应用。植物设计部分帮助读者了解植物的选择和搭配。立体空间打造部分给出了打造立体空间的六个方面的设计考虑。

　　本书由成都理工大学工程技术学院刘芝兰在总结社会实践中从学术角度进行理论系统升华，具有较强的创新性、理论性、学术性，以及较高的实用价值。本书是著者在调查了大量资料的基础上做出的整理总结，相比同类书籍，分析更加全面、细致、具体，兼具科学性和实用性。全书用图文搭配的形式，文字精炼，图片阐述文字要义，丰富直观，阅读性和欣赏性较高。

目录

第二章

小庭院设计风格解析

第四章

选好植物软景
塑造丰满骨架

第三章

了解材质要点
精显庭院质感

利用立体景观
庭院360°巧变身

第一章

小庭院建造的关键要点

小庭院作为户外休闲延展区，对调节生活起居起到至关重要的作用。在建造之初，对于想要一个什么样的小庭院，包括风格、样式、功能、空间结构、色彩倾向等，都要有基本的意向，然后按照庭院设计的详细步骤，逐步落实前期的想法，达到满意的效果。

庭院设计基础：
庭院设计的构成要素

　　庭院是建筑和墙围合而成的室外空间，并布置以美丽的景观。打造庭院要视庭院所在地的周围环境，以环境条件和人的生活方式为基础进行合理规划，从了解小庭院的基本构成要素开始，设计者可轻松布置和管理的景观节点和设施，以享受乐在其中的生活情趣。

一、建筑

　　世界各地的庭院景观特征都与人的生活方式和建筑形式息息相关，建筑的规模和形态往往给景观赋予特色。中式庭院建筑造景和欧式古典庭院建筑造景，在亚洲和欧美地域最具有代表性，许多其他地域的景观特色是从这两类发展而来。随着时代的进步，以及文化的交流和融合，现代庭院建筑造景更趋向于多种多样。

　　中式庭院建筑造景特点：中国传统建筑围绕庭院布局，庭院被称为"室外起居室"。"凡主要殿堂必有其附属建筑物，联络周绕，如配厢、夹室、廊庆、周屋、山门、前殿、围墙、角楼之属，成为庭院之组织，始完成中国建筑物之全貌。"（选自梁思成《中国建筑的特征》）建筑作为古典园林庭院的构成元素，亭、台、廊、阁、门、墙、窗往往成为庭院空间中的连接节点。

传统中式庭院中的亭台廊榭

▲ 袅娜的荷塘环境带有清新、雅致、静谧的气质，精简了结构的体量。轻巧的石亭，为整个环境增加了朴实、秀气的感觉

传统的中式园林亭

欧式古典庭院建筑造景特点：以法国古典主义为代表的欧式花园，追求建筑实体本身的雕琢，庭院常常以建筑为核心，进行景观设计和布置，轴线鲜明的几何式构图，华丽、立体、有规则感的人工造景，呈现秩序的美感。

围绕石亭和雕塑设计的绿篱

具有规则和对称仪式的庭院景观

糅合南洋风格的亭建筑

现代庭院建筑造景特点： 现代建筑师把庭院空间作为建筑的一个有机部分，不少建筑物巧妙地运用设计构思，取得了动人的艺术效果。宜人的建筑环境和独特的建筑表现力，使庭院空间的形态更加多样了。

新中式风庭院文化石景墙

玄关式对称景观门入口

现代庭院徽派建筑风格庭院墙

现代小庭院弧形防腐木座椅

现代小庭院矩形绿植景墙

变化丰富的现代廊架

二、山石

园林山石造景的历史悠久，与自然的融合及可随意安排的特点，使之成为园林设计中不可缺少的元素。现代景观设计继承了传统的理念，传统的理石手法也备受推崇，并延续至今，景石的发展也随着社会需求的多样化而得到发展。

中式庭院山石造景特点：中国古代讲"叠山理水"之法，山石造景艺术源远流长。传统山石造景非常讲究，常选用天然不加雕饰的石材，取其自然之感，根据石材的不同特征、样式和形态，因地制宜布置实景。不同的石材体现的作用各不相同，布置的方法更是多种多样。

玲珑剔透的湖石假山

圆钝的驳岸青石布景

湖石与竹的清雅搭配

俊挺的黄石假山

日式庭院山石造景特点：在日式庭院中，山石布景占据重要的设计地位，石头常具有稳重、灵秀的特点，搭配日式景观小品，常常带有禅意。设计手法往往采用以少胜多、以简胜繁的简洁表现形式，体现较深的韵味和意境。

石景搭配景观小品

石景搭配日式建筑

枯山水风格点石布置

▲ 秀雅的日式庭院的山石布景，叠石自然敦厚，模拟了自然而温和的地理形势，植株葱翠清爽，环境优美。黑白石子模拟自然流水，小小的石桥搭在"水上"，创造出微缩的山水景观

与环境相协调的自然置石

现代庭院山石造景特点：现代庭院设计中，石景设计和布置都更灵活。石景设计应符合整体规划的要求，选择与环境相协调的自然石材为原料，根据设计喜好，用合适的方式雕琢处理，体现出自然感和设计感，表达出具有某种意境的景观空间。

精选置石表现入口意境

新中式庭院山石对置方式

现代日式庭院自然置石

三、水景

庭院的水景设计，其相在"静"，其意在"动"，利用水的静态，促成意的流动与飞扬。静态水景常常突出平静、清澈的特征，给人以心灵的净化。动态水的形状、深浅、流量、急缓不同，都会给人带来不同的情感体验。

庭院水景在一动一静之中，又生成很多形态，或规整，或自然，或混合布置。不论哪种水景的设置，都增添了庭院景观的灵动之美。

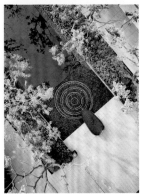

宁静清澈的静态水景

活泼灵气的动态水景

需要考虑安全性的水景设计

水景的设计要考虑安全性，有必要可做驳岸、围栏、台阶等，做好防护措施，或者水深控制在安全高度。另外，不论是设计、施工，还是后期养护，水景观费用都比较高。要做砌筑围合，设计给排水和电路，还有后期养护，因此，在设计前期要考虑好，确保成本预算。

小庭院水池建造步骤

第一步
设计水池外形、骨架和铺装选材

第三步
根据水池位置，挖掘水池坑，设计深度可在 0.6~1.2 米

第二步
制作木质水池骨架，将骨架钉好，在场地上确定水池位置

第四步
将木质水池骨架放入水池坑，底部填埋砂石或使用预制混凝土

第五步

在水池底部砂石的表面，铺设防水布，将防水布包裹住木质骨架

第七步

在水池中注入清水、植物种子及鱼类等水生动植物，水池可投入使用

第六步

根据设计图，在水池周围有序铺设地砖并压实，完成水池铺装造型

第八步

完善水池岸边环境植物种植配置，水池整体建造完成

四、绿植

　　植物是景观营造必不可少的素材，从设计的角度来看，绿植在景观布局、框架构造、节点选择、色彩调和、功能分区、空间分割、时序表达等方面都起着重要作用。庭院想要达到美观又实用的效果，植物的设计和配置是灵魂之笔。

绿植和铺装界定的庭院分区

绿植围合的空间节点

植物软景柔化硬质结构

▲ 明艳的玫粉色花朵和苗壮繁茂的绿叶，展现了植物旺盛的生命力。原本略显单调的白色墙壁显得干净、分明，整体画面鲜艳、明快，具有强烈的视觉焦点感，植物的色彩营造了丰富的视觉效果

　　植物造景有高大健硕的乔木，姿态优美的孤景树，色彩斑斓的灌木群，地被植物和草坪等，种类繁多。其形态各异，直立的、攀援的、组团的、匍匐的等。常见修剪过的绿植有柱形、锥形、球形、卵圆形等。

▲ 树形舒展优美的主景树，搭配低处蓬松生长的观赏草植物，这样的二级植物组合具有舒展的植物景观效果

▲ 修剪成球形的欧式植物组团造型可爱，虽然带有人工的装饰痕迹，但与自然式生长的植物群组搭配在一起，增添了活泼自然的趣味

▲ 攀援在廊架上的绿植覆盖了廊下的凉亭，给环境增加凉爽、幽静的感觉

▶ 攀援蔷薇附着的墙面，形成了一道浪漫的"花墙"景观

▲ 远处姿态优美的孤景树，攀爬在墙上的攀援植物，墙边修剪整齐的灌木丛以及近处的地被草和水景植物，充分地搭配在一起，丰富了整个庭院环境

▲ 修剪成球形的植物盆栽，成为可以灵活进行装饰和组合的移动应用景观

优美的景观小品衬托静谧气氛

五、景观小品

　　庭院中的景观小品是指：花架、雕塑、壁画、围栏、桌椅、灯笼、挂件、垃圾箱、游戏设施、标志系统等各种在庭院中可摆设的小型构筑物及装饰品。它们虽然体量小，但在庭院中能起到烘托气氛、画龙点睛的效果。

烘托庭院风格的桌椅组合一

烘托庭院风格的桌椅组合二

　　景观小品的设计，无论是依附环境还是相对独立，均应精细加工，用心琢磨，形成配置得宜、相得益彰的景观风景，达到提高整体环境与小品本身鉴赏价值的目的。

▶ 彩色釉陶烧制出具有艺术性的图案，仅作为罐子，摆放成高低错落的样式，便具有了良好的装饰性和观赏性

▲ 生物形状的陶制品融入庭院中，可以增加自然感和观赏观

六、铺装

　　庭院的铺装，如同室内的地板，也是园林建造中必不可少的环节。铺地材料有不同种类和用途，地面铺装具有组织交通、引导游线、划分空间界面、提供散步休息场所、构成园景等作用，是联系景观节点的纽带，同时给人视觉上的享受，在外观造型和使用功能上都具有要求。

▼ 通过不同的色彩和地面材质进行区分地面的铺装界面，起到明确的分割使用空间的功能

不同的色彩和材质的地面铺装，起到分割使用空间的功能

▲ 碎石板嵌草铺就的园路，具有不规则且自然的生态美，同时园路能够起到组织交通、引导游览路线的作用

▲ 彩色石子呈波浪形层层铺装，形成美丽的花纹，在路面的边缘自然地衔接搭配种植的深色多肉植物，构成了美丽并可观赏的园景图案

▲ 草坪和防腐木地板相拼接，形成的铺装地面，给人提供散步、休息的场所

选择铺装材料时，要考虑材料的平整度、防滑性、耐久性、透水性等，做到安全又方便。常用的铺装材料有砾石、卵石、木板、石板、混凝土、水泥、砖、草坪等，材料的选择与布置要与周围的建筑、界面、空间环境相协调。

线条流畅的铺装

线型流畅曲折的多形态铺装

和谐融洽的石板铺地

可以用来按摩的卵石花纹铺地

丰富视觉效果的多材质铺装

庭院界面空间：
与周围环境要融合

界面是物体之间的接触面，界面的划分和限定塑造了空间本身，同时作为思想意义传达的媒介。界面的属性包括形态、色彩、质感、方向和位置、比例和尺度、透明性等，其共同作用于人的感知体验，为空间氛围的塑造起到决定作用。

一、界面的六种属性

界面属性是界面构成的重要特征，表现了界面独特的性质，决定了用户在面对界面时的观赏和使用感受。庭院空间界面主要分为底界面、侧界面和顶界面三种，不仅传承了传统庭院空间界面的处理手法，更传递着现代化设计手法的神韵。

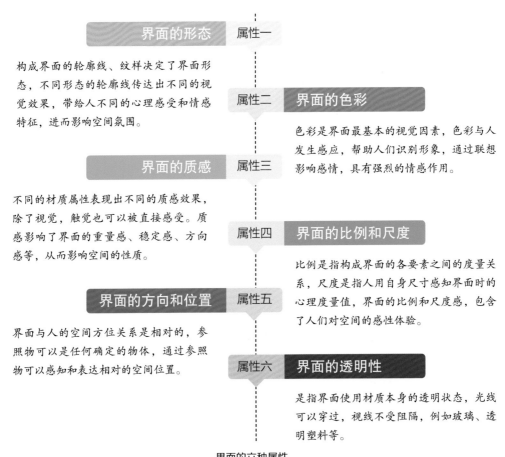

界面的形态	属性一	

构成界面的轮廓线、纹样决定了界面形态，不同形态的轮廓线传达出不同的视觉效果，带给人不同的心理感受和情感特征，进而影响空间氛围。

| | 属性二 | 界面的色彩 |

色彩是界面最基本的视觉因素，色彩与人发生感应，帮助人们识别形象，通过联想影响感情，具有强烈的情感作用。

| 界面的质感 | 属性三 | |

不同的材质属性表现出不同的质感效果，除了视觉，触觉也可以被直接感受。质感影响了界面的重量感、稳定感、方向感等，从而影响空间的性质。

| | 属性四 | 界面的比例和尺度 |

比例是指构成界面的各要素之间的度量关系，尺度是指人用自身尺寸感知界面时的心理度量值，界面的比例和尺度感，包含了人们对空间的感性体验。

| 界面的方向和位置 | 属性五 | |

界面与人的空间方位关系是相对的，参照物可以是任何确定的物体，通过参照物可以感知和表达相对的空间位置。

| | 属性六 | 界面的透明性 |

是指界面使用材质本身的透明状态，光线可以穿过，视线不受阻隔，例如玻璃、透明塑料等。

界面的六种属性

二、界面空间的表达

1. 庭院底界面的空间关系

庭院底界面是指庭院设计范围内，自然或人工修建的地面，包括硬质地面铺装、草坪、水体等。形态具有丰富多样的设计性，各种直线或曲线，下沉或抬高，要结合环境和功能布置。

色彩的选择既要美观，又要与大环境协调，不同的颜色具有不同的视觉张力。铺地材质的选择应具有一定的防滑效果，常见的材质有石头、砖、水泥、木板等，一般不使用透明材质。底界面除了具有装饰性之外，还有引导游览路线、划分空间、分割功能区域等作用。

纹理优美的底界面形态

下沉式底界面空间

2. 庭院顶界面的丰富可塑性

庭院顶界面是指庭院空间上方，与人的视线产生交汇的界面，包括人工建筑物或大自然元素，例如天空、树冠、云朵等，都可以纳入顶界面设计的范畴。庭院顶界面具有丰富的可塑性，如优美的天际线，通透的玻璃顶棚效果等，在视觉上能将庭院空间无缝连接并伸展到更远的地方。

随着建筑技术和新型材料的发展，建筑顶部处理获得了多变性的可能，不再局限于传统的建造工艺，设计意境提炼出来之后，设计师用属于本时代的新的建筑语言表达出来。再加上立体绿化工艺的发展，也为顶界面绿化提供了新的技术及手法。

庭院顶界面优美的天际线

▲ 屋顶作为庭院顶界面，设计种植了幕墙植物
和其他低矮的草本植物，将原本光秃秃的平屋
顶装饰起来，具有了景观的可塑性

3. 庭院侧界面与环境相联系

庭院侧界面是指庭院空间的底界面和顶界面之间，与人的视线产生交汇的界面，主要指人工建造物，包括墙体、廊柱、门、山石、植物、景观小品等立面视觉因素以及建筑和自然元素组合而成的复合界面。在庭院空间中，侧界面的类型最为丰富，其以垂直的形式出现，人们置身其中，界面属性对人的影响最大，在侧界面的设计中，要与周围的环境相联系，综合考虑，不要特立独行。

色彩明丽的侧界面空间

木栅栏围挡营造出通透的侧界面形态

　　侧界面的凸起能丰富空间装饰性，横向或纵向纹样，拉伸了视觉效果。其触感与人的关系亲密，木材、织物质地松软，触感温暖；石块、水泥质地坚硬，有力量和隔断感。冷色调的立面构造有收缩和安静的感觉，暖色调的立面构造有扩张和活力的感觉。另外，侧界面不一定是封闭的，如同湖石的设计，可以有"透""漏"的形态和美感，使得视线能够穿透，塑造更有层次的景观特征。

水泥砌筑的异形变化的侧界面形态

植物围挡的侧界面空间

庭院色彩搭配：
万紫千红总似春

影响视觉的直接因素就是色彩。色彩能映射出人们复杂多变的内心世界，对情绪也有增强作用。需要注意的是，在做小庭院设计之前，我们内心应该有一个"色彩轮廓"，对于想要一个什么色调的空间，要有基本的意向。

一、色彩表现气氛

色彩不仅能描绘客观的物质世界，还和我们的内心世界形成联系，不同的色彩表现传达出不同的情感气氛。随着色彩与心理的研究越来越多，在塑造环境方面也发挥了重要作用。

白色 表现气氛	◎ 白色会让人联想到冰雪、奶油、棉花、白云、百合等事物，给人明快、简洁、朴素、淡雅、干净的感受，几乎可以跟任何颜色搭配在一起。 ◎ 白色与黑色搭配的时候，会加重单调、分明、尖锐的印象，与冷色放在一起会加强冷色的清爽感，与暖色放在一起能够营造浪漫梦幻的气氛。
黑色 表现气氛	◎ 黑色会让人联想到黑夜，充满神秘、厚重、压抑的感觉，同白色一样，它是一种永不过时的颜色。它的包容性很强，几乎可以与任何颜色搭配，会将其他颜色衬托得更明亮。 ◎ 当黑色与浓重色搭配使用，稳重、简洁感会加强；与暖色搭配使用，大胆、热烈，与活泼色搭配使用，会让颜色看起来保守。
红色 表现气氛	◎ 红色会让人联想到太阳、火焰、血液等象征着生命、喜庆、热情、希望的事物，烘托了活泼热情、自信权威的气氛。单独使用时，容易带有紧张和压力的情绪。 ◎ 当与黑色搭配时，两者彼此突出，看上去拥有无尽的力量；少量红色与淡暖色搭配，会体现出女性温柔的特质；红色面积过大，会有强势的感觉；与象征欢乐的颜色，如黄色、橙色搭配能够营造出节日的欢乐气氛。
黄色 表现气氛	◎ 黄色会让人联想到阳光、灯光、烛火、向日葵，是春天一样充满活力、灿烂的色彩。高亮度和高明度使黄色的气氛富于变化，在暗色调中，黄色有画龙点睛的作用。 ◎ 与冷色搭配带来悠闲感；与淡暖色搭配有甜蜜可爱感，而与同样活泼的橙色搭配会加强暖色调作用，让整个设计充满阳光。

绿色
表现气氛

◎ 绿色会让人联想到植物，给人和平、青春、新鲜、安宁的感觉，让心灵得到滋润和休息。由于绿色是中长波的颜色，所以和各种色彩都能搭配出不同的氛围。

◎ 绿色与灰色搭配时会形成脱离人群的酷帅感；与白色搭配会带来清新自然感；与暖色搭配打造悠闲感；与冷色搭配会加重冷峻感。

蓝色
表现气氛

◎ 蓝色是色调最冷的颜色，能够让人联想到天空、大海、清风，给人带来广阔、遥远、清凉、平静的感受。蓝色单独使用时，具有理性、知性、高贵、整洁的感觉，当与其他颜色搭配时，由于性质的相似或冲突，创造出多种不同的配色印象。

◎ 与黑色搭配时尚干练，与白色搭配朝气蓬勃；与冷色搭配加强清爽，与暖色搭配自身的色调被中和，形成温柔活力、激情洋溢的感觉。蓝色也是花色中最独特的颜色。

二、色彩设计原则

1. 遵循色彩的时序性

地域、季节、时间、天气不同，庭院色彩都会发生变化，如早上和傍晚的光照条件不同，光反射色彩情况也不同。对于植物来说，观花、观叶、观果的时间和景象也不同，这是普遍存在的色彩具有的时序性。考虑到这些因素，就可以使庭院设计四季常有景，避免萧瑟、荒芜的景象。另外，随着长时间使用，色彩还会变旧、变暗、斑驳，通过巧妙设计，旧元素也能充分利用起来，彰显时光韵味。

▲ 橘色围栏和地板，为庭院增添柔和、活泼的暖色彩，即使在冬季也会有色可观

▲ 桌面搭配的彩色插花为庭院增添了亮色，这是由于彩叶植物具有时序性的特征

2. 注重色彩的识别性

色彩的识别性首先体现在装饰性，使画面亮丽美观。色彩识别性还具有强调和标志作用，由于人们的长期使用，色彩带有了一定的情境，容易引发通感，让人产生景观联想，丰富色彩层次。他山之石可以攻玉，现成的代入感可以直接借鉴。亮色相对于暗色容易促进记忆；红色和黄色带有警示意味，容易重点突出；绿色让人自然地想到植物；桃红色妩媚动人，容易联想花色；金色亮丽辉煌，常用于权威性的装饰；冰川灰和墨玉色具有禅味和诗意；罗兰紫和雾霾蓝透着神秘和性感；白色和柔粉色充满女孩向往的梦幻和浪漫。当色彩搭配特定的造型和材质，能将自身带有的情境更具体地表现出来。

▲ 象征着天空和大海的纯净蓝色，与联想到青春活泼的少女粉色碰撞在一起，激发出青春浪漫的感受

036

3. 运用色彩的调节性

色彩有调节距离感的作用，暖色、浅色、亮色向前突出，冷色、深色、暗色向后远离；色彩有调节空间感的作用，明度低的颜色能使空间感显得更大，明度高的颜色具有收缩感，能使空间感显得小；色彩对情绪的调节作用，高纯度活泼稚嫩，低纯度稳重典雅。在康养性的庭院景观中，常取用橙色、黄色、绿色、蓝色、粉色色相柔和的区间色，这些颜色能有效抵抗抑郁，缓解大脑疲劳，促进呼吸和消化系统，减缓关节疼痛。

▼ 亮黄色的运用，凸显了活泼、明快、具有跳跃性的情绪和感官感受

▲异形且灵巧的独特建筑结构，搭配具有哲思气质的灰白色，在翠绿幽静的植物和水景环境中，增加了浪漫气氛

▼ 水泥灰色营造出雅致、克制、稳重的情绪，给环境增添了安静、素雅的气氛

三、色彩搭配方法

1. 主色调搭配法

在小庭院色彩设计中，要遵循色彩具有的时序性，根据季节、地域、天气变化，保证色彩斑斓，四季有景可赏，但这并不代表像将调色盘随意洒在院子里，不加修饰。在色彩设计中，首要考虑的就是主色调搭配方法，避免色彩混乱、主次不分、喧宾夺主。

首选一到两种色彩，辅以类似色和邻近色调和，作为主色调。可先将主色调"成组"打包，安排在庭院的各处，设计初期先大面积铺陈（避免纯度太高和明度太低的色彩），可以均匀分布，也可以有侧重点地设计和布置，如光照侧留出空间多布置一些鲜艳色，阴凉处多栽种绿色植物，增强两处色彩的冷暖对比，加深庭院空间印象。

◀ 庭院景观主色调为绿色，首选绿色并辅以类似色和邻近色，如深绿和浅绿色调和，在这个基础上设计其他颜色（如地砖的暖橘色，地板的橙黄色，花朵的红色）

▼ 庭院景观主色调为无彩色，即黑白灰色，首选无彩色作为主色调，较大面积铺陈，在这个基础上再设计有彩色（如植物的绿色，桌椅的黄色，抱枕的粉色）

2. 色彩对比法

色彩对比法主要有色相对比、明度对比、纯度对比，有彩色和无彩色对比，类似色、邻近色和中差色对比，对比色、互补色对比等。在主色调铺陈的基础上，运用色彩对比法，设计区域配色，填充色彩留白，丰富色彩细节。运用好对比色会有明亮甚至惊艳的感觉，但对比要素过多，则会显得杂乱，通常对比色作为局部设色或者点缀色，铺陈面积较小。

色相对比：色相就是色彩呈现出来的质地面貌，是色彩的首要特征，也是区别不同色彩的最准确的标准。不同的色相，明度和纯度都不相同。同一色相的不同明度或不同纯度对比，如嫩绿、翠绿、墨绿色的植物群落，表现出色彩的层次感和空间感。

明度对比：明度是指色彩的明暗、深浅的程度。如在红色中添加白色，能得到浅红色，添加黑色能得到暗红色，白色加的越多颜色越明亮，即明度越高；黑色加得越多颜色越暗，即明度越低。

纯度对比：纯度又叫彩度，是指色彩的鲜艳程度，就是一种颜色反射光的单一程度。如果色彩的鲜艳程度在同一色相中是最高的，那么它就被称为纯色。纯度的对比，就是鲜艳程度的对比。

有彩色与无彩色对比：无彩色即黑色、白色和各种程度的灰色，除此之外其他的颜色即为有彩色。有彩色和无彩色的对比很突出，当有彩色面积过大的时候，活泼感增强，添加无彩色，能使画面变得端庄、清雅。

类似色、邻近色、中差色对比：指在色相环上间隔30°、60°、90°左右的色彩对比，如蓝色、蓝绿色、绿色、黄绿色。色调柔和耐看，过渡自然，使人情绪趋向平稳。

对比色、互补色对比：指在色环上间隔120°、180°左右的色彩对比，如蓝色、黄色、橙色，对比关系趋向强烈，情绪活泼，明快、醒目，容易形成视觉冲击。

Y:
M:

180°
互补色
M: 100
Y: 100

M: 100
Y: 75

M: 100
Y: 50

M: 100
Y: 25

M: 100

M:
C:

基色　　30° 类似色

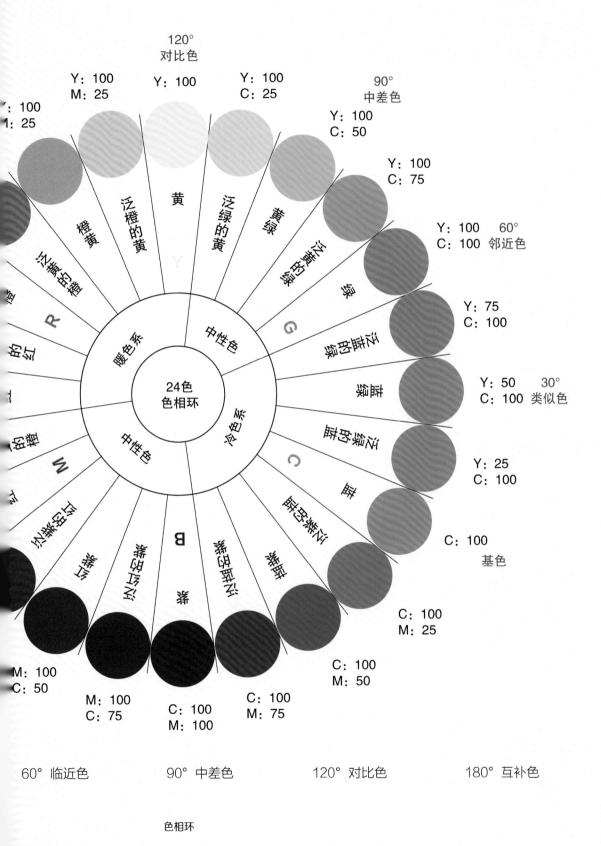

色相环

小贴士

　　不同的功能区域和景观元素设色略有不同，如休憩区、老人区宜平稳、安静的色彩，娱乐区、儿童区宜活泼、明快的色彩，落客区、餐饮区偏向中性色，道路配色宜柔和、素雅，建筑和小品配色宜与整体风格搭配，植物配色是平衡整体配色最灵活的方法。

有彩色和无彩色对比

对比色、互补色对比

3. 配置均衡法

均衡不等于均匀，均匀侧重于类似，均衡不要求相同、一致或对称，更强调节奏和谐。在均匀的色彩搭配中，能呈现秩序的美感，但均衡更具有韵律的美感，以及设计感和多样性。在该阶段，庭院空间作为一个整体尽收眼底，对色彩位置、形状、范围、面积做最后的调整和修改，使整体画面丰富、稳定、中和、协调，可以借鉴与绘画的关系，最终呈现想要的色彩效果。

▲ 墙面以暖橘色作为主色调，搭配深咖色地板，浅咖色和黑色楼梯，绿色植物，整体色调均衡美观

◀ 围栏以暖咖色作为主色调，搭配暖橘色座板，水泥灰色座椅和地面，绿色植物，整体色彩关系和谐

庭院平面布局：
要在庭院做什么

　　庭院面积较小，难免有功能不齐全的担忧，如何做好平面布局就显得格外重要。想要做到设计合理，一定要清楚，想要在庭院里做什么？设计合理的活动区域，规划路线和景观节点，完善植物软景和立体布局，小庭院的平面图便跃然纸上。

一、庭院布局的前期分析

　　前期分析是建造庭院的关键步骤，做好前期分析，能够避免庭院的布局设计只流于形式，而欠缺功能。从前期分析的基础上出发，能够使设计更加合理并具有科学性。

1. 基础测量

　　在做庭院内部设计之前，要对房屋和庭院尺寸、门窗的位置、场地高差和现有景观元素等因素做到心中有数，做到设计合理，保障透过门窗观察到的景色怡人，站在庭院任何位置上观察到的景色合宜。

　　基础测量是在设计前期，对场地原有状态进行测量和了解的过程。测量房屋基线和庭院边界的形状和长度，了解整个庭院的重点建筑和围合的情况；测量房屋门窗的所在位置和宽度，确保后续从室内向室外的视角具有良好的观景效果；测量高差所在地的位置和高度以及庭院原场地内的已有元素，做到场地元素的合理设计和利用，以减少工程量。

测量高差地所在的位置及高度（池塘）

测量庭院边界的形状和长度

庭院设计基础测量分析图

测量房屋基线的形状和长度

测量房屋门、窗的位置和宽度

测量现有元素的大小及位置，如植物、小品、基础设施等

2. 环境分析

环境分析的影响主要在两方面，一方面决定各功能分区的位置，例如落客区可以设计在光照时长较长的廊架之下，注重隐私的休闲区可以设计在光照时长较短的静谧地带。另一方面对植物的选择和生长会造成影响，例如北方温带植物和南方亚热带植物的种植选择。

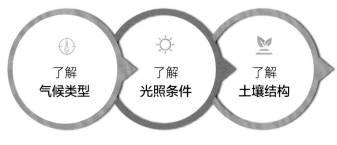

环境分析要点

（1）了解气候类型

我国幅员辽阔，自北向南跨越寒温带、中温带、暖温带、亚热带、热带5种不同的气候带。华北平原、黄土高原和东北平原属温带季风气候，夏季高温多雨，冬季寒冷干燥；长江中下游平原、东南丘陵、四川盆地、云贵高原属亚热带季风气候，夏季高温多雨，冬季温和少雨；台湾南部、雷州半岛、海南岛以及云南南部地区属热带季风气候，全年无冬，高温多雨；西北地区远离海洋，气候干燥，降水稀少，属温带大陆性气候；青藏高原海拔高，冬季半年遍地冰雪，夏半年凉爽宜人，是典型的高原气候。

（2）了解光照条件

冬至日是北半球各地白昼时间最短、黑夜最长的一天，在冬至日测量庭院的光照条件，可以能得到全年光照时长的最小值，即冬至日能照射到的地方，全年其他时间都能被照到。根据光照时长的不同，可以将庭院分为长日照环境、短日照环境和半阴环境。

（3）了解土壤结构

土壤对植物的生长很重要，庭院植物种植前主要了解土壤的深度、肥力、质地、酸碱性等，如果庭院土壤不适合植物生长，在种植前就要进行土壤改良。

深度：检查土壤下方是否有地下室、停车库或其他建筑物，从而导致土壤层稀薄。将这些地方做出标注，避免在这里种植深根性树木。

肥力：检查土壤肥力，需要深翻土壤，清除土壤中的硬石块、建筑遗留物、其他垃圾等，疏松土壤结构，同时最好拌入有机肥以提升土壤肥力。

　　质地：庭院土壤主要分为黏土、壤土、砂土三类，根据水分下渗的速度可以大致区分：黏土质地细腻，毛细作用强，保水保肥性好，但透气透水性差，下渗速度最慢；砂土质地较粗粝，透气透水性好，保水保肥性较差，易干旱、贫瘠，下渗速度最快；壤土介于二者中间，是最适宜开垦和种植使用的土壤。

　　酸碱性：不同植物对土壤的酸碱性有不同的要求，准确的方法是提取土壤溶液，用pH试纸测试。常见的有北方黑色土壤，因为聚集了大量落叶草本的腐殖物，通常呈酸性；北方、中部、南方普遍存在的黄色土壤因为雨淋的较多，富含难溶于水的铁、铝化合物而呈现酸性；湖南及其以南常见的砖红色土壤，因为富含较多的三氧化二铁而呈现酸性；灰白色、灰黄色的高岭土有机质含量少，较瘠薄，通常含有石灰石、水溶性盐等而呈现碱性。

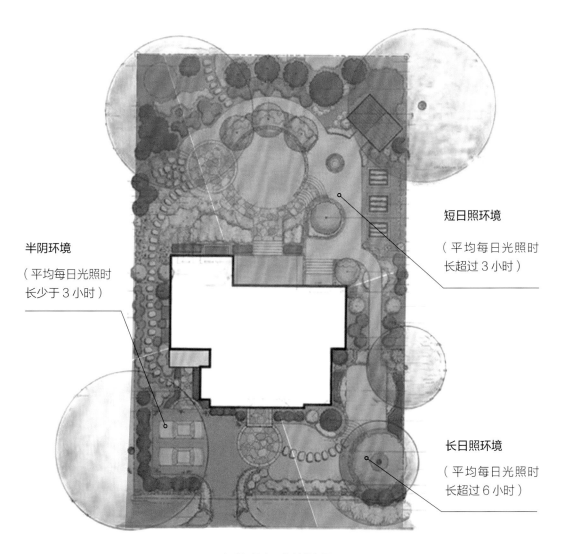

短日照环境

（平均每日光照时长超过3小时）

半阴环境

（平均每日光照时长少于3小时）

长日照环境

（平均每日光照时长超过6小时）

庭院设计光照条件分析图示

3. 视线构成

分析视线构成，就是分析观察者从所在的位置观看庭院的感受。视线所见之处，应该欣赏到优美的景色，从这个角度出发，在做设计时，可将不美观的地方巧妙地遮掩或进行美化。

（1）视线的遮掩

当视线需要全部遮挡时，使用硬质构筑物如廊架、景观小品进行遮挡，能起到很强的遮挡效果。当视线需要部分遮挡时，使用大树、攀援植物进行遮挡，透过枝叶的缝隙，起到若隐若现的效果。

（2）视线的美化

当庭院中出现无法遮挡或不适合遮挡，但是缺少美观的景色时，可以通过利用、改良景观元素，美化视线所见。例如从庭院内向外观看时，可以通过借景的手法，将院外的景色引入视线之内，丰富景观画面；又比如面对不美观的墙面，可以使用墙面彩绘加以调和。

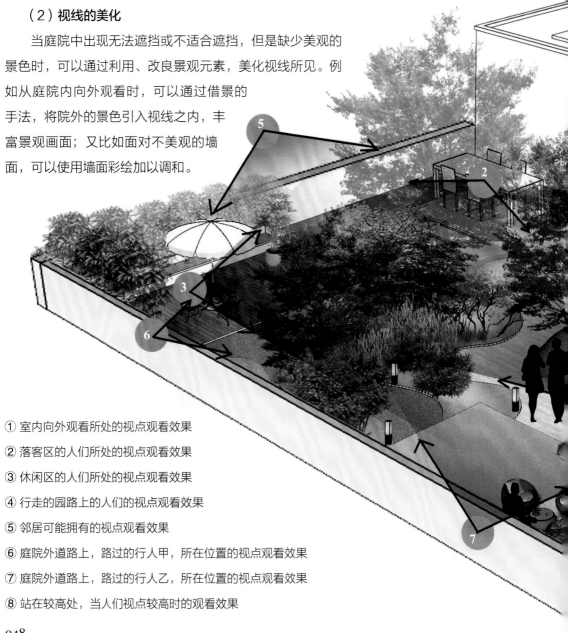

① 室内向外观看所处的视点观看效果

② 落客区的人们所处的视点观看效果

③ 休闲区的人们所处的视点观看效果

④ 行走的园路上的人们的视点观看效果

⑤ 邻居可能拥有的视点观看效果

⑥ 庭院外道路上，路过的行人甲，所在位置的视点观看效果

⑦ 庭院外道路上，路过的行人乙，所在位置的视点观看效果

⑧ 站在较高处，当人们视点较高时的观看效果

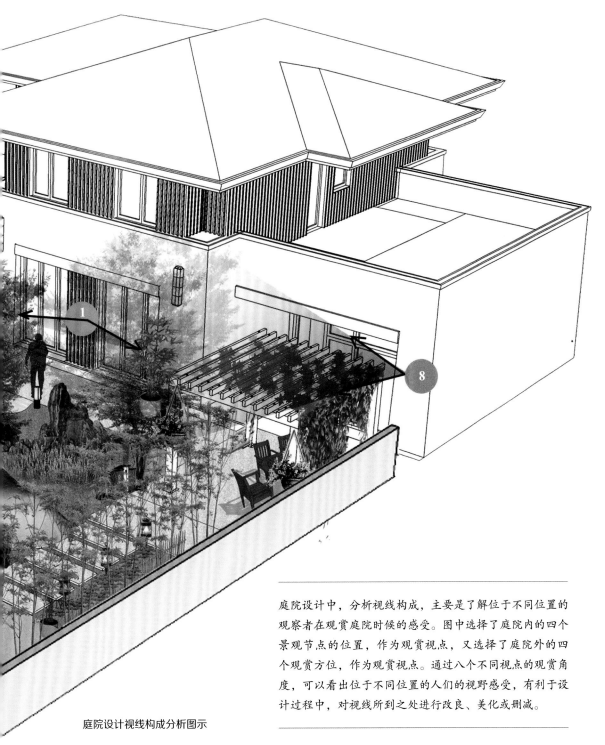

庭院设计视线构成分析图示

庭院设计中，分析视线构成，主要是了解位于不同位置的观察者在观赏庭院时候的感受。图中选择了庭院内的四个景观节点的位置，作为观赏视点，又选择了庭院外的四个观赏方位，作为观赏视点。通过八个不同视点的观赏角度，可以看出位于不同位置的人们的视野感受，有利于设计过程中，对视线所到之处进行改良、美化或删减。

4. 动线轨迹

动线轨迹即人们在庭院中行动的轨迹，通过分析可以得知哪些区域使用较多、人流较大，主要用作道路设置和功能分区的划分。

在庭院中，使用频率较高的动线，宜设计为较宽阔、便捷的路面或区域；使用频率较低的动线，可以考虑删除、简化（如设置小径、汀步、踏步石、台阶等形式）或者与主动线合并。

合理地删简动线，能够更加注重功能区域之间的连接，减少硬化铺装的面积，腾出更多的植物种植空间。

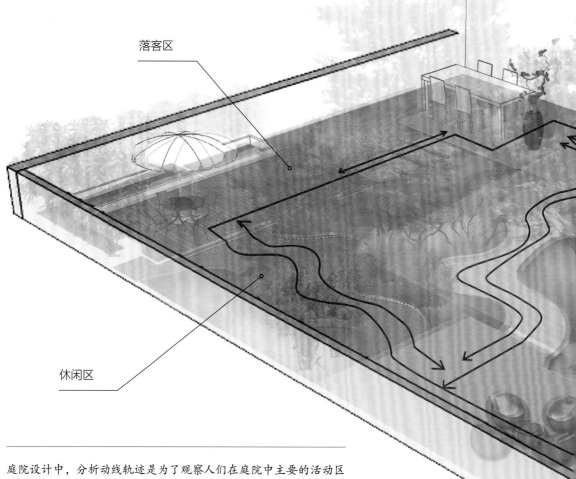

落客区

休闲区

庭院设计中，分析动线轨迹是为了观察人们在庭院中主要的活动区域，以方便设计道路、景观和联系区域等。根据图中门口和活动节点的位置，可以画出人流来往的行动路线，在人流量较大的位置可以设计主要的园路，常用的节点区域可以增加景观效果。

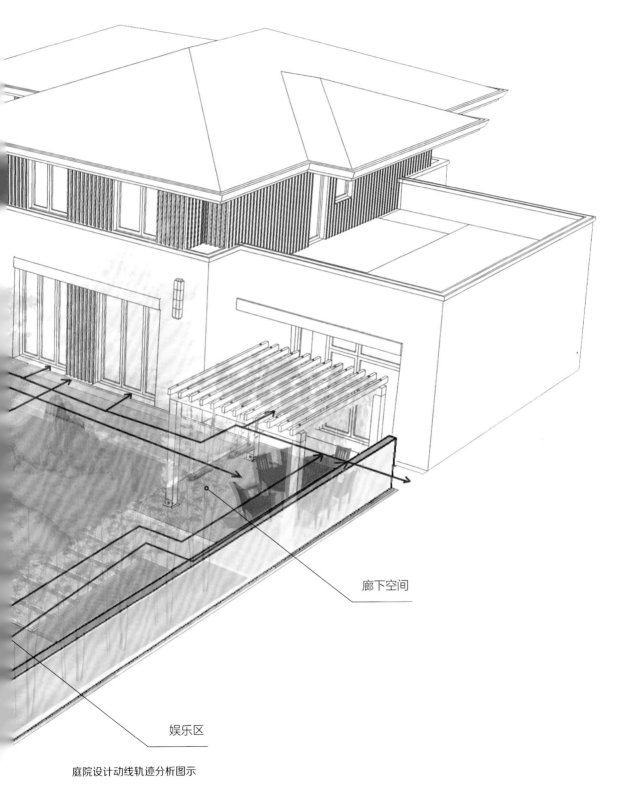

廊下空间

娱乐区

庭院设计动线轨迹分析图示

二、庭院布局的流程

1. 室内外空间相得益彰

小庭院是室内空间的户外延展，其整体风貌要与室内保持和谐，室内和室外环境不可割裂开来，要互相联系，相得益彰。因此，首先要明确室内和庭院空间的风格和样式（小庭院空间的风格类型可参考第二章）。例如，现代年轻人喜爱一种室内装修原木色的轻简风，小庭院则可以设计为自然风、日式、现代混合式，倘若设计为古典风，难免会显得笨重。

明确风格之后，可以考虑是否将室内材质延用到室外空间？或者使用延续室内环境气氛的界面材料，如何配置进一步烘托氛围的景观设施？选择一套合适的配色方案等，这些参考标准在设计过程中可以灵活调整。

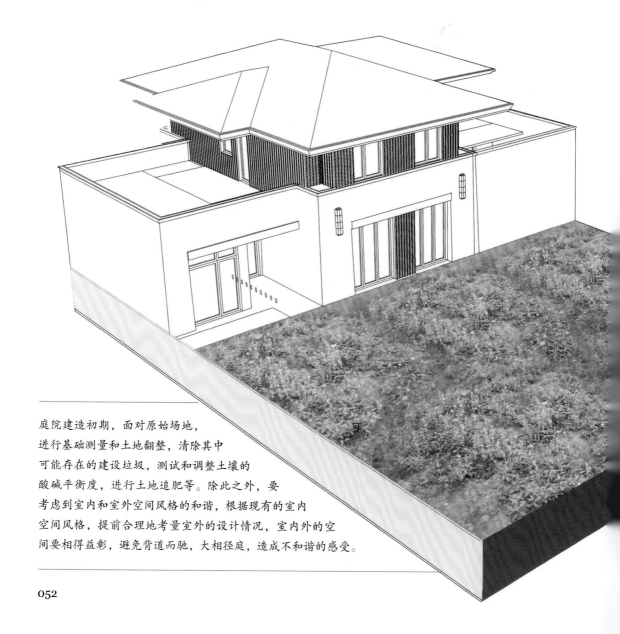

庭院建造初期，面对原始场地，
进行基础测量和土地翻整，清除其中
可能存在的建设垃圾，测试和调整土壤的
酸碱平衡度，进行土地追肥等。除此之外，要
考虑到室内和室外空间风格的和谐，根据现有的室内
空间风格，提前合理地考量室外的设计情况，室内外的空
间要相得益彰，避免背道而驰，大相径庭，造成不和谐的感受。

▲ 室内外使用水泥灰方形地砖，增加了统一感，从感官上使室内空间得到了延续，整齐的木色围栏和方形的中心草坪增加了庭院空间的利落感

▶ 庭院桌子延用了室内桌子的原木材质，庭院椅子与室内门、边框的颜色相同，室内外地面为淡雅灰色，墙面为白色，绿植和家具的暖黄色增添了彩色气氛，庭院内外整体环境和谐美观

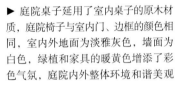

庭院建造的原始场地图示

▲ 室内桌椅、地板、织物增添了朴素雅致的田园风情，庭院室外空间延用了木质地板和台阶，整体色调和材质上十分和谐，竹子和青砖墙增添了田园氛围

▲ 室外延用了室内暖橘色木地板，使室内空间得到了延展，庭院内使用的木质立墙与地板相呼应，增强了统一感

2. 打造功能分区是关键

透过室内的起居室、客厅、书房或者门窗，即站在一个需要的视角，向室外庭院观察，留心所能呈现的最佳视野效果并做下标记，结合户外观察，留意环境风景、天气条件，以及自身独特的生活方式和习惯，将庭院空间划分为不同的功能分区。

可以通过硬质景观（如构筑物和地面铺装），也可以利用软质景观（如植物群组）进行分区界定，例如休闲区、阅读区、烧烤区、娱乐区、落客区、儿童区、水景区、种植区等。通过功能分区，除了能规划好各功能组织，还可以使设计更具体、集中，避免过散的庭院效果，能够使庭院显得更大。

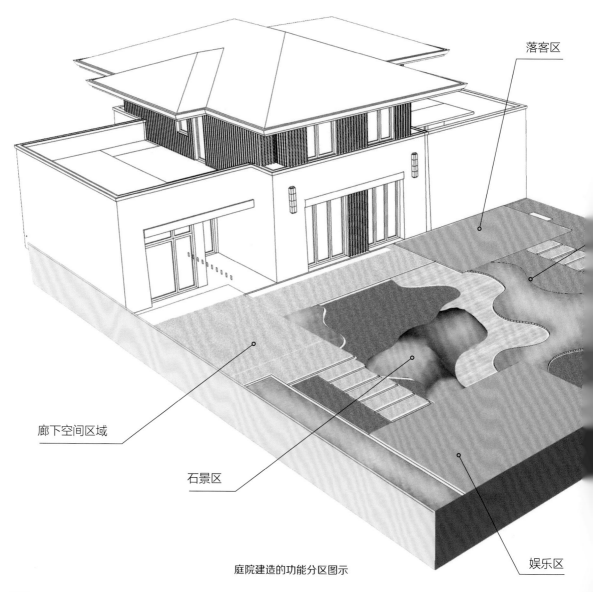

落客区

廊下空间区域

石景区

娱乐区

庭院建造的功能分区图示

在把原始场地情况做好基本考量的基础上，进行最初的功能分区布置，可先用画泡泡图的方式，确定并标出庭院内想要的功能区的位置。有场地高差的庭院，可做抬高或下沉设计；较平坦的庭院，则将确定的功能区进行详细的形状设计，并丰富区域边缘。例如设计植物群组作为边缘带，或者设计硬质构筑物、铺装来区分两个功能区等。

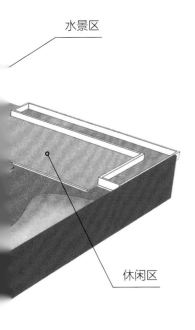

水景区

休闲区

小贴士

本书主要涉及的是带有围墙的小庭院，但市区内还有一部分狭小室外空间，例如阳台、露台、屋顶、通道旁的边角，采光不佳的天井，甚至是地下室等，作为身处都市的用户，这些也是难得的户外延展区，只要设计合理，都可以变身为精致舒适的一隅。

通过多样的设计元素进行改装，可以提升小空间的活力。例如，使用室内同色调地板，装饰门框和窗户，打破室内外视觉障碍，延展使用空间；使用装饰、挂饰装点墙面，丰富侧界面形态，创造活泼的环境；种植鲜艳多彩、高低错落的盆栽植物，装饰墙边、角落，或者搭置线条简洁的花架，种植攀缘植物，丰富顶界面；设计浅色区域，提升亮度，从视觉上增大使用面积；强调过道的纵深感，提升牵引力打造的积极感受；布置暖色调夜灯，营造浪漫的气氛，增加吸引力。

植物装饰的阳台、窗台、狭小空间

3. 设计蜿蜒的行走路线

小庭院的行走路线不仅满足园路功能，作为人流通过的主要线路，还能串联起各个景观节点，产生节奏感和韵律美。与此同时，由园路划分开的各功能分区，可以设计成优美的形状和图案，极大地增强了空间本身的美感。

路径设计有直线、折线、曲线等形式，曲折的园路动态优美，且能延长观者的通行距离，放大了人们的视觉观感。功能分区的图形元素非常丰富，有规则式、不规则式，对称式、不对称式，具象型、抽象型，矩形、圆形、多边形、扇形、弧形以及多种形状拼接等，还可以通过下沉和抬高地形做竖向设计，根据设计灵感的不同，设计手法多种多样，呈现出多姿多彩的布局效果。

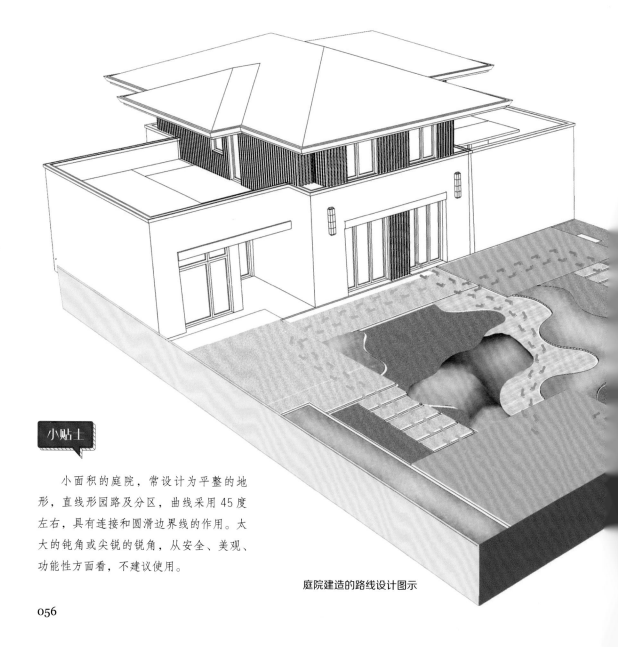

小贴士

小面积的庭院，常设计为平整的地形，直线形园路及分区，曲线采用45度左右，具有连接和圆滑边界线的作用。太大的钝角或尖锐的锐角，从安全、美观、功能性方面看，不建议使用。

庭院建造的路线设计图示

▲ 矩形的功能分区，搭配直线形行走路线

▶ 圆形、弧形的功能分区，搭配弧形、S 形、不规则形行走路线

在做完场地功能分区设计后，基本对庭院路线设计也有了初步的概念，庭院路线联系分区之间的人流往来，连接各个活动区域，根据功能区的形状和位置，来设计庭院路线的具体形态，可以说，功能分区的设计和庭院路线的设计是息息相关，同时设计的。

▲ 不规则直线多边形功能分区，搭配斜线形行走路线

4. 设计趣味的庭院节点

在以上基础上，设计趣味节点，将形象具象化，确定每个形状在现实中具体要做成什么形态。例如，标注出儿童区的秋千位置，落客区的桌椅摆放形式，画出水池和假山的形状，将每个功能分区最核心的景观要素标出来。同时，留出植物种植空间，尤其是用圆圈标出主景树的位置，方便后面进行种植设计。

节点内设施如何挑选、组合和排列？各景观元素用什么材质？（详见第三章）最终形成怎样的配色方案？这些都是这个阶段要解决的问题。另外，各节点之间趣味造景还有技巧，可以利用节点本身，也可以利用道具。如节点框景、漏景、借景，利用门、窗、廊架、拐角、通透的侧界面等，将其他的景色引入视野，增大空间景深，丰富观景感受；利用水面倒影反射天空景象，流动的白云和星辰映在水面上，形成"画中有画"的效果；使用镜子反射特色，形成视错觉感，扩展庭院面积，打造趣味节点等。

增加落客区内使用的桌椅，细化活动情形

设计休闲区的细节，将自己想要的活动内容加进去

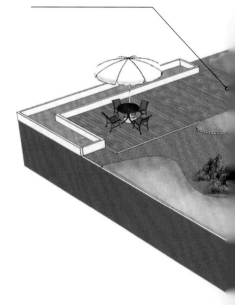

落客区节点

落客区秋千、吊床节点

细化娱乐区的节点内容，可以增加休息设施，也可以增加娱乐设施

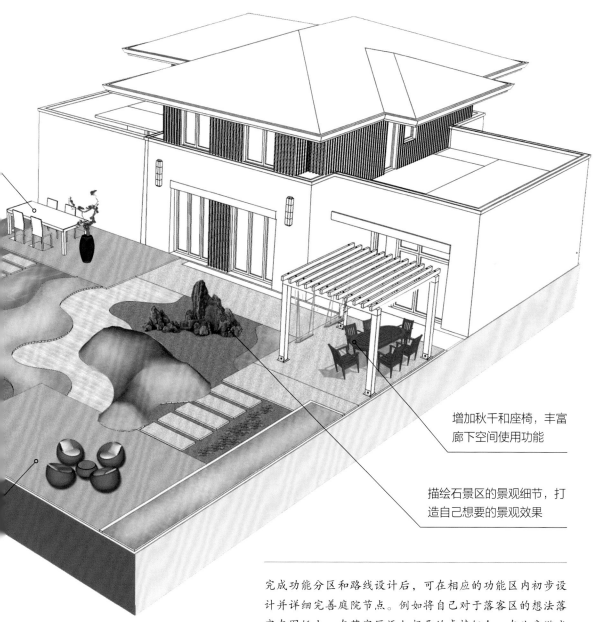

增加秋千和座椅，丰富
廊下空间使用功能

描绘石景区的景观细节，打
造自己想要的景观效果

庭院建造的节点设计图示

完成功能分区和路线设计后，可在相应的功能区内初步设计并详细完善庭院节点。例如将自己对于落客区的想法落实在图纸上，在落客区添加想要的桌椅组合，在儿童游戏区标志出秋千或游戏器械，在景观区标志出假山石景等。将功能区内的趣味景观节点丰富起来，也是在图纸上逐步实现庭院构想的重要过程。

5. 配置柔软的植物群组

引入植物柔化硬质效果，并进行局部遮挡。根据庭院整体氛围，依次布置植物，先确定主景树，定下植物视觉中心，在小庭院中也常作为景观中心；再布置其他乔木、灌木群、花境，填充软质景观空间，进一步烘托庭院气氛；最后灵活搭配可移动、可变换造型的四季盆栽，完善植物种植方案。

植物宜选择本土、实用、易养护的品种，注意其生长时序，观花、观叶、观果的搭配，还有常绿、彩叶、攀援植物的应用，其造型常展现一定的意境和韵味，种植组合方式多样。

布置小乔木和灌木群，打造植物群组背景

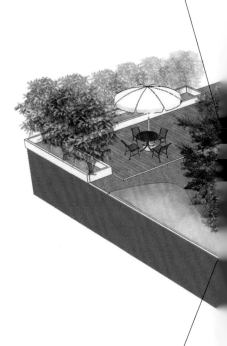

草本和花境植物，丰富林下和地面的软质景观空间

庭院建造的植物种植图示

攀援植物增加了廊架美观度，也丰富了立面空间景观

确定主景树，打造植物景观视觉中心

庭院建造的植物种植图示

在架构性的设计完成之后，再进行植物软景的设计，能够更具体、充分、准确地把握植物种植的位置，设计的样式和形态，因为庭院的功能性轮廓已经基本明确了，植物软景的设计具有顺应而生的承接性，能减少后期的重置或修改。在种植时，先确定主景树的位置，明确植物景观的视觉中心，再根据功能和景观需求依次设计其他乔灌木、花境、地被、水景等植物，是很便捷的设计方式。

6. 设计丰富的立体布局

立体布局的元素包括：除铺装外的地面造景，除建筑和植物外的其他小型构筑物、小型家具、景观小品、悬挂物、立面和顶面装饰物，如台地、水池、喷泉、山石、围墙、围栏、雕塑、花箱花架、小石桌石凳、健身器材、音响盒、壁画、灯笼等具有竖向功能或充满立体空间的小品或其他景观元素。

立体布局元素的运用，填充了立体空白，丰富了三维空间，能烘托气氛，常有锦上添花、画龙点睛的效果，使小庭院充满活力。

垃圾桶等基础设施，增加了庭院内的人性化设计

路灯、地灯等庭院灯具的设计，丰富了景观照明

完成植物种植设计后，庭院的整体景观效果已趋近完善，设计丰富的立体布局，具有锦上添花、画龙点睛的作用。这是庭院设计的最后一步，主要是检查庭院三维立体空间的空白区域是否还有适合进行设计的空间，设计应合时合宜，并不是以纯粹的填充为目的。这时候，景观小品、小型构筑物等成为布置的重要元素，向着使庭院更具有人性化、艺术性，完善观赏功能及使用功能的方向进行最后的补充设计。

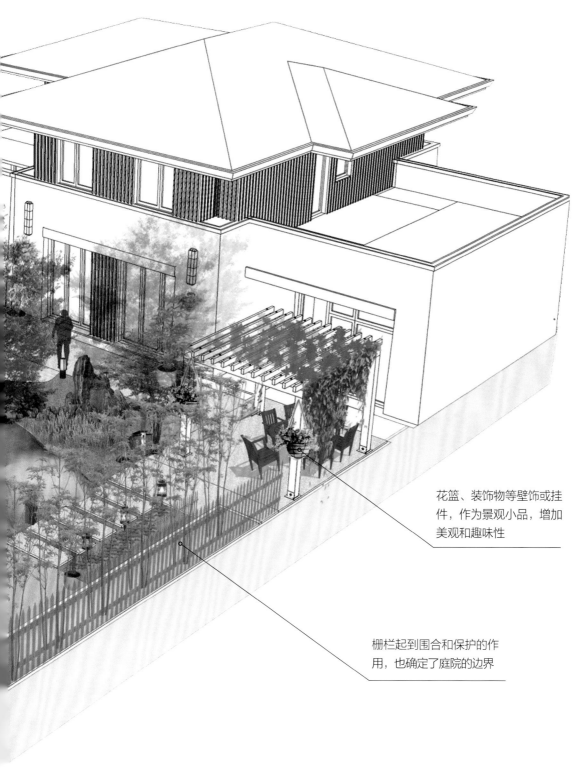

花篮、装饰物等壁饰或挂件，作为景观小品，增加美观和趣味性

栅栏起到围合和保护的作用，也确定了庭院的边界

庭院建造的立体布局图示

生动的水鸟雕塑

与植物搭配的围栏和陶罐

运用立体绿化丰富景观

第二章

小庭院设计
风格解析

　　庭院风格是庭院整体呈现出的有代表性的面貌，具有相对稳定、反映时代、民族或设计师的思想、审美等内在特性的艺术特色。风格化场景内部关联性更强，能够采用系统的设计手法，标志性的景观元素，更清晰地表达设计意图，使造景有迹可循。

虽由人造　宛若天开：
典雅的中式庭院

中国古典园林历史悠久，被公认为世界园林之母，中式庭院风格就是在中国古典园林的基础上发展而来。中式造园艺术追求自然的精神境界，饱含深厚的人文内蕴，寓情于景、诗情画意，达到了"虽由人造，宛若天开""天人合一"的崇高意境，使人在园林中仿佛置身于山水画中。

一、传统中式风格特色

1. 蕴含丰富的中国哲思

中式造园艺术历经先秦、魏晋南北朝、唐宋、明清到现代，经历了不断的发展变化过程，园林设计思想与中国哲学思想密不可分，主要受儒、释、道三大思想体系的影响。

儒家思想是先秦诸子百家学说之一，形成了以"仁"为核心的伦理思想结构，包括孝（义）、诚（信）、弟（悌）、智（知）、忠、礼、勇、恕、廉、温、恭、宽、良、耻、让、敏、惠等项内容，自然景观的形态特征与人的品行美德进行意象化的融合，从而达到"天人合一"的境界。

佛家思想讲究参悟，常说缘起性空，由戒生定，由定生慧，营造出空间虚空与静寂之美，希望观者透过事物的表象体悟内在自我。

道家思想最早追溯到春秋战国，其学说以"道"为最高哲学范畴，用"道"来探索自然、社会、人生之间的关系，提倡道法自然，清静无为，景观体现在对自然本质的追求，风格浪漫洒脱，曲折变化。

小贴士

按照地域特色，中式庭院可分为北方、江南、岭南三大类型，北方类型建筑较大，富丽堂皇；岭南类型地处热带，具有明显的热带风光。本书主要讲述的是江南类型，其面积较小，景致细腻精美，典雅俊秀，对于大多数的小庭院造景更具借鉴意义。

2. 萦回曲折之布局

在空间的处理上，中式庭院讲究曲折、层次和细节，庭院中的"曲廊、曲桥、曲亭"既增加了游历时长，更增添了观赏视点，凭栏望景处，充满丰富的想象空间。庭院主景半藏半露在视野里，因山就水，高低错落，随着游览路径次第展开，具有典雅、含蓄、内敛、意味深远的东方美。

▲ 曲廊、曲桥、曲亭增加了游历时长和观赏景点，从平面上塑造了萦回曲折的布局

3. 黛青色建筑和木结构

中式庭院常使用木材，运用精巧娴熟的榫卯技术，建造具有弹性的木结构建筑和构筑物。受风格影响，庭院中的配饰也常搭配木结构，使用木材、石头、砖、瓦等材质。在配色上，以清雅的黛青色最具标志性，表现在屋顶、墙面、游廊、桥、洞门、铺地、小品等结构上，具有青山绿水的画面感。当一座轻檐出挑的中式凉亭坐落在院中时，古典美即刻彰显出来。

◀ 清雅的江南园林类型，黛青色建筑和木结构给人秀美诗意的感受

▲ 中式庭院景观模拟大自然的山山水水，将大美天地囊括于一方院落之中

4. 拟天然的山山水水

《园冶》说："片山有致，寸石生情。"古典中式庭院中的山山水水模拟自然山水的情态，咫尺之间塑造山林逸境。叠山理水技法高超，叠山、置石、驳岸，线条自然流畅的花池，静态和动态水景，成片的荷塘，石与水的结合，石与植物的组景，都营造出动人的自然景致。

5.雕梁画栋和艺术纹样

中式庭院的风格特色还体现在纹饰等细节上，人们为了追求美观或彰显身份地位，在建筑、门窗、小品、铺装、装饰品、挂饰等的花纹、图案上做文章，雕刻各种纹样装饰，形成形式繁杂、栩栩如生的图案，姿态万千、意蕴吉祥，灵动而诗意，美好而经典，成为彰显中式典雅风格的标志物。

传统的雕饰纹样有：云雷纹、祥云纹、环带纹、忍冬纹、凤鸟纹、如意纹、饕餮纹、方胜纹、唐草纹、曲水纹、垂鳞纹、万字纹、缠枝纹、云头纹、八宝纹、寿字纹、套方锦、回字锦、步步锦、龟背锦、灯笼锦、井字纹、冰裂纹、方格纹、风车纹、海棠纹、直纹等。

冰裂纹样式花格

海棠纹镂空纹样

回纹样式花格

▲ 桥栏杆上的海棠纹镂空纹样

6 . 自有花间四君子

中式古典庭院中的花木应用，往往选取具有比喻象征特点的植物，体现文人性情和雅趣，具有修身养性的调节气氛。花间四君子常运用在布景中，其中：梅，批霜傲雪，寓意高洁志士；兰，深谷幽香，寓意世上贤达；竹，清雅澹泊，寓意谦谦君子；菊，凌霜飘逸，寓意世外隐士。除此之外，常见的植物还有松、柳、槐、牡丹、芍药、玉兰、荷花、睡莲以及彩叶植物等。

竹与玉兰

7. 皱漏透瘦之技法

"皱、漏、透、瘦"是宋代书画家米芾提出的选石四字诀。皱，指体态起伏，线条崎岖；漏，指石体溶洞贯通，灵气多变；透，指石头玲珑剔透，纹理纵横；瘦，指纤瘦怪异，奇现筋骨。这样的石头形神兼具，视为优美的赏石。

皱

漏

透

瘦

漏景

借景（远借）

除了选石之外，中式庭院在构景方面也有类似手法。如借景，将庭院之外好的景色"借"进庭院视野之中，增强了庭院景深；漏景，通过漏窗、漏墙、漏屏风、疏林等手法，将景色若隐若现透漏出来；抑景，俗称"先藏后漏""欲扬先抑"，又称障景，运用能够引导人们转变方向的障碍性景物，起着抑制视线的作用；添景，如果在中间或近处有景观小品或植物，作为中间或近处的过渡景，这小品和植物便构成添景；夹景，当远景在水平方向视界很宽却缺乏吸引人的景致时，为了突出理想的景色，常将左右两侧以树丛、山丘或建筑等加以屏障，形成左右遮挡的狭长空间，这种带有控制性的构景方式构成夹景；对景，从一处观赏点可以欣赏到另一处观赏点，从另一处也可以欣赏到该处的景色，这样的布置手法称为对景；框景，利用门框、窗框、树框、山洞等，有选择地摄取空间的优美景色，形成如嵌入镜框中图画的造景方式称为框景；分景，就是把景观划分成若干空间，以获得园中有园、景中有景，使园景虚虚实实、半虚半实，景色丰富，空间多变的空间处理手法。

抑景／障景

添景

夹景

对景

框景

分景

三、新中式风格元素

1.“意境”的延续

“意境”一词始终贯穿在中式庭院造景之中，新中式仍浸润在文化和内涵营造的意境之中，表现更为传神而非相似，景观增添了现代设计语言，具有了较大的自由性，反映现代人的生活理念和生存状态。新中式形态是开放包容和文化交流的结果。

2. 开阔简约的表达

相比古典中式庭院，新中式庭院在布局上较为开阔，结构不一定曲折多变，几何图形、对称式、半自然式元素都有呈现，如大片方形的水域，平整的草坪，灵活的设计图案。建筑在传统基础上，融合了现代语言，常采用经过简化和提炼的符号或片段，还会加入新的建筑符号。纹饰总体来看删繁就简，古典庭院中的图案以较简约的形式表达。

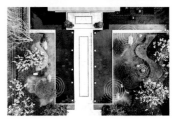

开阔对称的、灵活多变的平面布局

简化提炼的元素符号

清新简约的立体空间布局

▶ 在西北方向种植树木，遮挡北风的干扰

▼ 水景具有观赏和环保价值，同时能招引财运、增加运势，具有积极作用

3. 运用科学环境元素

科学环境元素协调人与环境之间的关系，以人为中心，对环境进行选择和调整，达到天人合一的境界，如"阴阳五行"学说的应用，从地理学和磁场看环境等。现代科学环境理论吸收众多学科智慧，含有较高科学和技术成分，被广泛应用在中式庭院造景中。

常用的环境元素如镜子和配饰物，可以影响能量；绿色植物，能提升生命力；水晶，能够刺激能量流转；还有光线、坚硬物、灵兽的运用等。在布局中，通常考虑门厅、玄关、挡墙、水景、建筑、落客区、道路的设计和布置。

4. 不仅仅是梅兰竹菊

新中式庭院运用的植物仍带有意境和典雅美，但有了更多选择性，除了花中四君子，常见的如松、玉兰、槭树、紫薇、琼花、海桐、石楠、冬青、黄杨、女贞、木槿、牡丹、芍药、山茶、杜鹃；迎春、连翘、玉簪、萱草、鸢尾、狼尾草；荷花、睡莲，在南方院落中更有雨打芭蕉夜闻声的美境。至于具有吉祥寓意的树，它是根据植物特性、寓意甚至谐音来确定，如棕榈、橘树、竹、椿、槐树、桂花、灵芝、梅、榕、枣、石榴、葡萄、海棠等植物。其中，玉兰、海棠、牡丹、桂花以"玉堂富贵"这一吉祥的谐音而广泛运用。

▲ 新中式庭院中松的种植，具有泰然自若、高风亮节的美好寓意

▶ 新中式庭院中海棠和杜鹃花的种植，丰富了植物种类和庭院色彩

5. 新材料的使用

新中式庭院材料的使用上，融入了地域特色，采用了当地的构造技术，同时拓展了传统材料的新用法，如对砖块的模数化使用，竹制品的使用，重新演绎传统材料的建构方式，创造了丰富的纹饰效果。新材料还有钢、玻璃、混凝土、复合材料等，也会在新中式庭院中使用。

▲ 红砖结构造型，具有模数化的概念体验

▲ 人造混凝土砖铺地，坚固耐用且具有很好的形态和色彩，适合搭配周围的环境

▲ 木塑桌面的使用，在不乏中式传统风格的气氛里，增加了现代感

秩序井然　排列优美：
对称型欧式庭院

欧式庭院包括意大利、法国、西班牙、英国还有中欧等国家的庭院风格，受到社会历史条件的影响，在不同时代有迥异的风格，在此不做细的划分，谨提取鲜明的古典欧式特征。图案式花坛、雕塑、台地等成为古典欧式的风格标志物，植物与建筑关系密切，布局以规则对称式为主，采用丰富的几何构图，倡导人工美和理性有序的造园理念。

一、古典欧式风格特色

1. 优美平坦的几何造型

古典欧式庭院造景受欧洲地表环境影响，地形平坦开阔，极少叠山置石，常用大片草坪，相较于中式山水如画的造景手法，着重表现理性与控制。为使构图统一紧凑，作轴线型布局，景观安置在轴线的周围。受现代主义建筑思潮的影响，采用和谐简洁的几何造型，强调秩序和平衡之美。因受意大利台地园的影响，也会设计台地造型。

▲ 平坦开阔的布局，较少有起伏，台地式的台阶增加了景观落差之美

▲ 简洁优美的几何造型，具有秩序和平衡的美感

2. 乳白色建筑和构筑物

欧式庭院中的建筑和构筑物作为主体，景观常围绕其发散的轴线对称布置，形成一种主次分明、结构清晰的网络。带有巴洛克和洛可可装饰风格的乳白色建筑、廊柱、围栏、花台、雕塑等元素成为经典标志物，带有崇高、神圣、端庄和华贵的气质。

▲ 乳白色建筑和构筑物营造的欧式庭院风，具有崇高、神圣、端庄、华贵的气质

3. 喷泉、水池和意式跌水

因为布局平坦的原因，欧式庭院少有急湍、瀑布等模拟自然山川的动态水景，而常用平静的水池和精巧的喷泉，受意大利台地园的影响，设计有跌水，与水池形成组合。

▲ 修剪整齐的花坛和绿篱，搭配自然生长的植物群组，营造了清新宁静的欧式庭院景观

▲ 常见且具有代表性的欧式喷泉和水池

▼ 种植了果树、蔬菜和草药的欧式庭院，具有欧式田园的气氛

▲ 庭院意式跌水，由层层叠叠的高处流下，常与水池形成组合水景

4. 修剪整齐的花坛和绿篱

欧式庭院造景选用的植物较为单一且多为绿植，如圆柏、矮黄杨、女贞、冬青，少量运用花卉，具有清新宁静的画面感。植物常修剪为刺绣式花坛，还有规则的几何或动物形状，形成绿墙、绿篱。庭院内多种植果树、蔬菜和草药，如柑橘、苹果、李子、香柠檬，水井位于庭院中间，井上或小路上搭格栅拱门或架子，并覆盖攀援类植物，形成绿色走廊。

二、欧式平面布局技巧

1. 利用透明网格线

在功能分区泡泡图的基础上，具象化区域形状。可以利用透明的网格线，绘制丰富的图形元素。将透明的坐标纸或网格线覆盖在功能分区泡泡图上，描画出多种形状。其中矩形主题是最常用的几何元素；多边形相较于矩形更富有动态；圆形兼具运动和安静双重特性，能突出简洁性和力量感；利用圆形还能绘制扇形、圆弧、椭圆以及组合图案；还可以徒手绘制自由曲线形状。以此来设计出丰富多彩，多种形状和类型的庭院平面布局图。

在原始场地图纸上，用最简单的方法绘制最初的功能分区泡泡图，即将想要设计的功能分区，以圆圈的形式代表，在场地图纸上进行描绘，对场地区域做最初的功能划分。这其中，可以考虑到整体布局的形态倾向，有目的地设计泡泡区域。例如，左侧泡泡图中，圆形的娱乐活动区作为布局的中心，基本确定了以圆形为设计元素的布局结构。

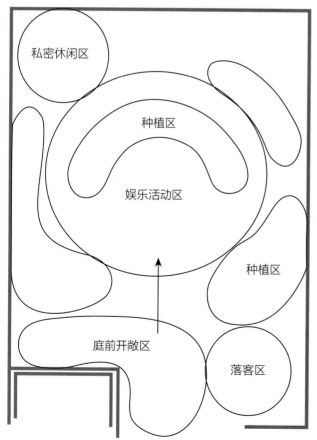
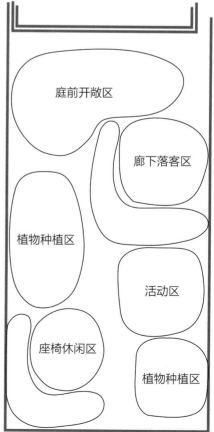

功能分区泡泡图

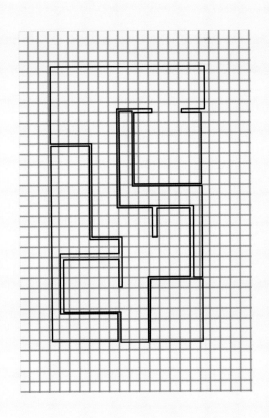

选择以矩形为主要设计元素的布局形式，因此，可选用矩形网格图，将网格图覆盖在泡泡图上，将泡泡图分区转化为具体的矩形分区，并完善分区之间的连接关系，得到最终的矩形形态的平面布局图。

选择以圆形为主要设计元素的布局形式，可选用圆形网格图，将网格图覆盖在泡泡图上，将泡泡图分区转化为具体的圆形、椭圆形、扇形、圆弧或者更多组合图案等分区形式，并完善分区之间的连接关系，得到最终的圆形形态的平面布局图。

借助透明网格线，完善平面布局图

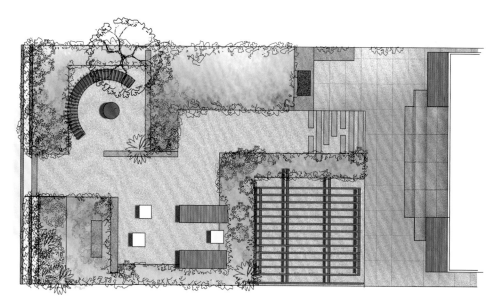

▲ 在平面布局图的基础上，继续完善，将硬质铺装、景观节点、景观构筑物、景观小品、植物等分别勾画出来，得到平面彩平图

最终得到的平面彩平图图示

2.重复组织排列

　　将图形有规律地重复排列，就会得到整体上高度统一的形式；通过调整大小和位置，就能从最基本的图形演变成有趣的设计形式。

▲ 将图形在横轴和纵轴坐标上，有规律地重复排列，得到最基本的矩阵形态的设计形式

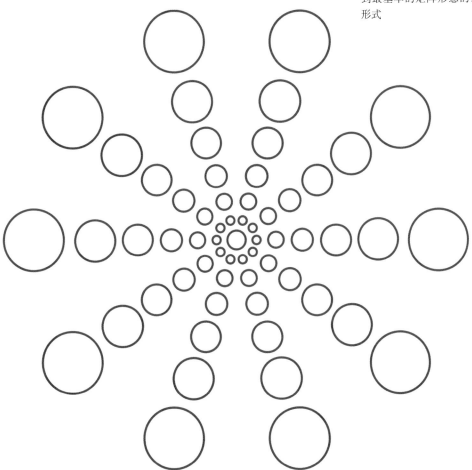

▲ 将图形以中心旋转的方式，有规律地向外发散，同时调整圆形的大小，会演变成更有趣的设计形式

舒展的自然风景：
田园风美式庭院

自然风景园起源于英国，18世纪又融合了中国造园文化，形成了迷人的"英中式"风格并风靡一时。美式庭院造景在自然风基础上发展而来，秉承了自由主义观念，区别于繁复规则的欧洲传统风格，更倾向于实用，注重与自然融合，正式风格与松散造型结合，有机而散漫，如同加州田园的生活风情，以弯曲起伏的线条和生动的自然模拟为特点，讲究线条、空间、视线的多变。

一、自然风格特色

1. 自由活泼的建筑和布局

自然风庭院中突破了建筑作为绝对的统治地位，建筑不再是或庄严或端庄的主体存在，建筑和平面布局都倾向于自由活泼甚至随意，灵活地利用材质自身的特性。自然风是最能搭配任何一种庭院建筑的风格类型。砖、木材、石头常作为建筑材料，摈弃较繁复的形式，装饰简洁，实用性强。庭院空间纯净，没有高墙壁垒和明显的界线，朴素、野趣的自然感受贯穿在庭院布局、要素搭配和画面构成等方面。

▲ S形小路、曲线形花坛边缘、小台地、石头景观小品、蓬散的花木等，都体现了自然风庭院中自由活泼的布局形式

▲ 自由活泼的建筑风格和庭院布局，因为障景的设计，略带庭院深深的韵味

2. 自然随形的小径和流水

庭院构图主要运用曲线条，如道路开辟为S形的小径，有曲径通幽的美感；改造流水，模拟自然溪流，使之曲线优美，水底铺设卵石或天然原石，水岸边栽种水生植物，具有粗犷随性的原始美感。

▲ 随着植物长势蜿蜒的路径

▲ 随着地形起伏的叠水

▲ 跟随着植物生长的方向自然蔓延的小径

▲ 随着地形和地势缓慢流淌的流水

3. 缓慢起伏的青青草地

　　植物特色造景是自然风的亮点，略显"荒芜"的植物效果将野趣丛生的气氛表现出来。模拟自然缓慢起伏的青青草地，面积不大，但能展现舒展的自然草地风韵；树丛作为主要景观节点，或孤植或浓荫或散漫点缀，营造疏离感；多层次的唯美花境，注重花卉色彩的搭配，可利用多种灌木、草本和盆栽，打造层次丰富的景观效果。

▲ 自然风庭院中常见的缓慢起伏的青青草地，增加了自然的野趣之感

◀ 丰富饱满的植物花境肆意生长，增添了自然的感受

4. 漫不经心的重瓣蔷薇

温馨的田园玫瑰，斜向攀爬在墙上的重瓣蔷薇，张着嫩紫色触角的爬山虎等攀缘植物，常是必不可少的立面装饰植物，使得庭院气氛慵懒又明媚，淳朴而惬意。

▼ 攀爬在墙上充满野趣的重瓣蔷薇

▲ 攀援在篱笆架上探着身躯的美丽的重瓣蔷薇

5. 精心打造的美丽角落

自然风小庭院的角落往往不会空置，通常倚靠在墙角、栅栏、构筑物等硬质结构元素上，模拟大自然的痕迹布置植物自然生长，栽种形式如户外田园一样随意，温和柔软的大丛植物遮挡和柔化景观，同时又避免形成植物大杂烩。植物群组下面浅浅地铺一层当地取材的泥土和砂砾，有时点缀装饰物、野生的景观小品组合，这种看似杂乱无序的搭配，实则需要精心设计控制，使其成为一处舒适悠然的观赏点。

▲ 看似不加修饰，实则精心打造的种满了自然植物的角落空间，令人感到轻松惬意

◀ 植物肆意生长，郁郁葱葱，茂盛鲜艳，是一个充满野趣的美丽的自然风小庭院

6. 借助自然的景观小品

　　自然风极大地借鉴自然图景，在景观小品的设计上，常借助自然荒野中奇特多变的残垒、断垣、枯树、石矶、树桩、篱笆等元素形象，也利用如花箱、藤编的筐子/篮子、废旧的小推车、生锈的架子、斑驳的木座椅等物件，对自然做原始的诠释，塑造带有丰富情感的景观，抒发内心情愫，具有浪漫主义色彩。

▼ 借助水桶、藤编篮子、枯树枝创作景观

▲ 利用废弃的小推车做花箱设计景观，别有一番风味

二、现代自然式演变

香草植物园和康养型小庭院，都是在自然式庭院的风格上演变来的，自然风格的随性洒脱和原始美感，更适合香草和康养类植物的生长和布置。康养人群喜爱野趣的自然景观，寻找放松的环境，偏好欣欣向荣的花草庭院与粗粝的景观小品。

香草植物园：香草植物园是以种植草本芳香植物为主的庭院或花园，其植物群体集有芳香、观赏、食用和药用等作用。香草植物园有美化环境，陶冶身心，保健治疗的功效，更有"芳香疗法"之说，在世界范围内受到推广。国内芳香植物的种类位居世界第一，主要集中在芸香科、樟科、唇形科、蔷薇科和菊科等，分布在南北方地区，如香樟、柚子、柠檬、佛手、柑橘、薰衣草、百里香、藿香、薄荷、木瓜、香叶菊等。

通过自然或规整的方式，种植香草和草药类的植物庭院

康养型小庭院：康养型小庭院指景观要素和医疗功能结合在一起，具有辅助治疗功能的现代小庭院或小花园，至今已有三十多年的历史，能提高人的身体、精神和心理的健康水平，包括减缓压力、增强自我康复能力、降低血压、改善抑郁情绪、促进睡眠、提高身体机能水平等，在医学康复中有着重要作用。

具有身心康养、疗养功能的自然风小庭院

静绽的侘寂美学：
禅意风日式庭院

　　日式庭院深受中国文化的影响，经过长期发展，形成独有的风格，成为一种具有高度自我意识文化的产物。禅宗的意味弥漫在庭院风景中，平和、安静、隐忍的气质，会令人感受到心灵的静谧，精巧细致的人工手法和自然风景相融合，是日式庭院造景最大的特点。

一、禅意日式风格特色

1. 阴翳婉约的建筑和布局

　　日式庭院崇尚阴翳之美，这是一种审美观，也是一种文化观，即强调质朴、克制、残缺、空寂、暧昧、黯淡等情趣，庭院建筑风格与恢弘华丽或开放明快的辞藻无关，而是笼罩在黯淡、幽寂的光影之中。传统日式建筑使用自然古朴的材料，如木材、茅草、瓦盖，同时建有遮盖阳光的大屋顶，建筑的边缘或侧面附建走廊，作为室内向室外的过渡空间，人们可以停留或步行其上观赏庭院景观，整体营造出一种笼罩在幽暗环境之下的审美情感。

　　日式庭院布局彷佛微缩的自然景致，模拟本土山海风韵，风格浓缩而婉约，相比中式"大家闺秀"的风范，日式则更有"小家碧玉"的情调。

▲ 阴翳婉约的建筑和布局，彰显着日式小庭院的内敛和克制

2. 池、泉、湖、岛、桥

日式庭院中广泛出现的潺潺的流水，徐徐清风，低缓山丘，幽寂的孤岛，唯美的小桥，银白色沙滩，汪洋大海等元素意向，体现了日本人对岛国居民身份的认同，在庭院中重现这种风景。通过精致的人工打造出略微起伏的地形，模仿山间的溪流走向，设计池、泉、湖的自然形状，再辅以石头和植物装饰流水及岸边，水上跨越一座古雅玲珑的小桥，周围布满青苔，具有雅致宁静的山林野趣。

在日式枯山水庭院中，凸显广阔和宁静的沙坪取代了水体，岛屿、桥体也常被石头取代，精选不规则石块，或敦厚或峭立，置于沙坪之中，其周围耙出水波状的涟漪，一圈一圈荡漾散开，山海意向动人显现，涟漪如同时间的年轮，将人的思绪带往飘渺的远方，无限的遐想氤氲其中。点石手法成为一种高超的艺术，体现置石人的内心境界。

枯山水表现潺潺溪流意境

阴翳婉约的建筑和布局

枯山水沙坪表现海、岛意境

3. 精挑细选的松枫之姿

日式庭院对细节的处理，是造景的亮点，贯穿在造园的始末。不仅仅是植物，每一处都是提炼自然且精巧细致的布置。

院中的乔灌木，包括栽种的位置和形态，都是经过精心挑选和设计的，在人工的雕饰和修剪之后，展现出独特的自然风姿。常用的乔木有松树、枫树、槭树、柏树、垂柳等，灌木修剪到与乔木搭配的高度，为树篱或高低错落的树球，如紫金牛、青木、茶树、冬青卫矛、八角金盘、石楠、马醉木、紫叶小檗等。

小贴士

日式庭院多用常绿树和彩叶树，较少使用观花植物，以调和一种清雅寂寥的色调。少量会用到的开花植物主要有：樱花、山茶、玉兰、海棠、茉莉、杜鹃、牡丹等。

修剪精致俊秀的松树　　　　　枝叶舒展的美丽红枫

4. 寂寂无言的石之永恒

石头在日式庭院中扮演了重要角色，是日式风格庭院的标准配置。

在自然山水布景中，石头作为山石布景不可或缺的材料，其古朴原味的质感使人产生对自然、对回归的向往之情；在枯山水的点石布置中，石头静默、沧桑、持守的孤立形象，象征着永恒不变的真理。除此之外，石水钵、石水盂、石灯笼、石雕、石径、踏石、碎石铺地等的应用，均沾染了石头本身古朴、静谧的气质，既表达洒脱淡泊、脱离尘世的外在美，又体现内在的永恒感和归属感。

▲ 石头的静默无言，更显涟漪微漾的美妙

▲ 现代和风庭院中设计的置石景观，精简的形式更显出精神的干练

5. 布满青草苔藓的时光

"时光"是贯穿在日式庭院气氛中的又一重要词汇，古朴、节制、斑驳、寂寞、枯萎、蔓延、新生，体现了时光的积淀和流转。不论是山丘还是铺地，青草和苔藓蔓延之上，是潮湿环境里长期累积生成的自然景观，目光触及之处心生对时光流逝之感叹以及对美好新生事物的淡淡喜悦。庭院里的陈设都要精心地做旧，且是干干净净的做旧，体现时光侵蚀的痕迹以及质朴、素雅、淡泊、精致的景观感受。

石头、竹漏以及布满苔藓的时光

6. 朴素慢意境景观小品

日式庭院的景观小品秉承朴素、慢时光的意境特色，常以石头、木材、竹子作为材料，除了前面提到的石头制品，还有惊鹿、竹篱、竹墙、竹门、木平台等特色小品，其中惊鹿是原本安置在农田里惊吓和驱赶鸟兽的装置，通过杠杆原理运动，竹筒盛满流水后，两端失衡下落，敲击石头发出声音，需要一段慢慢的时间累积，空寂的庭院内有节奏地传来的敲击声，具有含蓄的禅味。竹篱用来装饰围墙，清雅秀气；木平台常搭配建筑边缘设计，作为户外延展区抬高架空，离地面一定距离，用作惬意观景或静默沉思，具有悠然的气氛。

▲ 竹篱秉承朴素、慢时光的意境特色

▲ 木平台的使用，带有传统的日式和风的韵味

▲ 木门、木篱取材自然，具有悠然闲适的气氛

▲ 在空寂的庭院中，惊鹿有节奏地传来的敲击声，具有含蓄的禅韵

二、侘寂美学之理念

　　禅味是日式庭院的灵魂，要想设计出具有纯正味道的日式小庭院，掌握一定的理论基础是必备的知识。侘寂是日本古典的文艺美学，具有残缺、冷瘦、朴素、幼拙、寂静和自然之美。侘，是原本粗糙、残缺，未经雕琢的美；寂，是生锈、旧化，外表斑驳之下透露生命本真。侘寂，即表示在时光洗礼过后，沉淀出的朴素、深刻、自然、本真、纯粹之美。

运用侘寂美学塑造日式小庭院，要了解它的几大特性：

陈设之简素：侘寂之美的"简"体现在简约性和留白，摈弃繁复冗杂的形式，保留真实、残缺和不完整，经过提炼和推敲的布置，简单的事物深具内敛的意境，景有尽而意无穷。"素"体现在材料的原汁原味，不论是泥、石、草、木、竹，或许粗糙拙陋，但并不轻易改变原有的生态面貌，而是更突出其功能性，天然的选材纯粹本真、浑然自成，材料映射真理，往往都是朴素的。

现代日式风素、寂的一角装扮

现代日式庭院精简的置石陈设

▶ 具有磨损感的裂纹形石板铺地，具有对比性的孤植红叶和婆娑绿树，泛黄的苔藓，做旧色的建筑，阐述着形色的侘寂之美

形色之禅寂： 侘寂之美的光线是私密的，是阴翳的，如同京都的主调一样，有一种退避三舍，静观思索的闲适自足。气味上的侘寂即嗅之寂，不提倡浓烈香抑的气味，而是似丝柏木般清雅淡远的气味。听觉上的侘寂，不是死寂而是活寂，惊鹿嘀嗒，潺潺流水，松风婆娑，以无声中的有声衬托万籁静寂之感。色彩上的侘寂，具有磨损感，陈旧感，故事感，低调、隐晦、清瘦、克制，偶尔有如短暂的樱花，呈现转瞬即逝的靓丽和明快，如同单纯窈窕的女子轻盈地出没，如静中有动，但整体庭院色彩保持寂色。

心境之淡泊： 日式庭院从了解内心状态开始创作，设计一种与空间相符的氛围，寂心是侘寂美学最核心的层面，是抽象的精神感受，是超脱的生活和审美情趣，物欲的空寂中带有精神的信念，有物我两忘的空旷，有尘埃落定的安宁，有石畔莲花的灿烂，不纠结，不痴迷，不偏执，不贪不嗔不怒，才有开悟之始。景亦由心生，心境宁静淡泊才生出自然洒脱、意味渺远，一颗执着于世界的权力、地位、财富的心，像浇不灭的火，成欲望之傀儡，难以体会和创造出这一层。

都市里的精简艺术：
糅合的现代风庭院

在现代都市庭院，能感受到来自各种风格的交汇，但又不偏向于任何一种，趋向于交融、精简、个性的表达，主要体现在新设计语言、新材料、现代审美以及现代设计手法的使用上。在做现代庭院设计时，可从其他风格中提炼精华，将有特色的元素有效组合利用，对景观进行改造和修饰。

一、现代庭院风格特色

1. 精简的形式凝练

现代风格庭院将设计形式和元素进行凝练，呈现一种精简、疏朗、舒适之美，既满足了功能需求，又不失审美意趣，适合较小面积造景，深受都市用户喜爱。在空间布局方面没有复杂的模式，以简洁的线条勾勒整体造型；常用矩形、圆形、曲线，如水景形式凝练为抽象的矩形水池；小品、装饰物、纹饰等简洁、新颖，既传达了风格又富有个性；色彩对比清新，增大了空间感；不少庭院精简了植物的种植，更重视意境的传达。精简并不代表简单，需要整体设计把控。

▲ 精简自然风小庭院，功能分区更加简洁，但仍保留着自然的景观形态和植物样式

◄ 精简日式现代杂木庭院，摈弃了过多的植物装饰，但仍保留着最具有意象代表性的植物形态，精简的是形式，不减的是味道

2. 糅合的风格混搭

现代风小庭院中常搭配多种风格的设计元素，通过巧妙糅合和创意配置，自然融洽地组合在一起，又称混合型庭院。这时规则式和自然式有机组合，庭院内不形成控制整体的轴线，也没有整体的自然风格骨架，还渗透着些许风格标志景观，具有开朗、灵活、变化丰富的特点。通常选用2~3种风格混搭，不宜过多造成画面混乱。

▲ 现代日式的简约和克制，搭配自然生长的清新洒脱，有精炼而丰富的感受

▲ 欧式修剪风和自然生长风混合搭配，是"有序"和"无序"的组合，具有松弛却精致的观感

3. 现代感的融入

庭院设计中，局部融入的现代元素使风格新颖个性，符合现代特色和审美。新材料的使用，新构筑物形式的创建，创意景观小品，如玻璃与钢丝等工业感较强的材料饰面，彩色不锈钢镂空雕饰，带有工业气息的方形水景等；具有现代设计语言特色的艺术装置，体现现代地域环境和时代特色的工艺小品，具有本土意识的环境设计，如特色灯光照明设计，水晶小鹿艺术品，环境状况监测装置等；还有一些简单、抽象的艺术元素，突出庭院的时尚感。

创意流线型座椅设计

新景观形态的构思

雕塑小鹿艺术装置

彩色不锈钢雕塑装置

4. 生态理念的加持

现代小庭院对生态性要求提高，设计中尽可能地考虑到声、光、热等系统，如在建筑布局方面，适当修建遮蔽部分，增加对阳光的采集面积，有效利用太阳能、风能、生物能等资源；重视竖向设计，增添立体绿化，考虑空气循环系统；使用经济实用、绿色环保的新型建设材料，使用节能灯具、延时开关等。

▲ 创意活力生态公共空间，最大化利用空间、太阳能、生物能等为植物制造生长环境和提供养分，提高空气含氧量和湿度，增加私密空间

二、现代庭院设计手法

1. 极简主义

极简主义主张用简化的元素来展示功能，用单纯的形式简化画面，摒弃干扰主题的不必要的内容，善于运用理性思维，常用几何图形，打破传统束缚，追求新颖独到的设计材料，简单的色彩划分空间，呈现干净、纯粹的视觉感受，形成精炼独特的现代景观，是一种设计风格，也是一种生活方式。

▲ 精简的场地设计，仅仅保留植物林下的一小块草坪，体现出有力的简约感

◀ 精简的绿地、石头、树木，但仍然含有禅意韵味

2. 解构重组

解构是指对一个符号或元素的结构进行分解或拆除，再重新组建，相对于整体结构，其更重视对于单独个体的研究，提倡多元论，提倡反形式，摆脱了风格的羁绊，通过无序的景观表达出现代社会情境中人们内心的情绪，统一、均衡、韵律、节奏、尺度等传统的形式美规律被解构了，重组而成的是分裂、变形、倾斜、叠置、无中心等扰乱和谐关系的开放式形态语言。如设计师用折叠的方式将空间划分，创造出富于动感的花园和抽象的雕塑作品。

▲ 将庭院空间解构为各个组团，再重新组织每一个组团的景观，整体结构没有统一的模式和概念

▲ 将座椅造型进行解构重组，打破规则传统的椅子造型，椅子和花池结合在一起，并设计为不规则的椅背形状

3. 后现代艺术

后现代艺术是信息时代的产物，商品、消费、技术、娱乐等大众文化的产品成为艺术品，体现出后工业时代的审美意识，人们在享受科技成果的同时，也被物质和技术制约和控制，艺术家以批判的姿态，试图与现代主义的精英意识和崇高美学决裂。反对理性和科学至上，怀疑理性和科学能带来自由和解放；反对基础主义，倡导不确定性和差异性；主张多元论，反对中心主义；批判传统的形而上学，具有多元性、通俗性、游戏性，纯粹的形式被瓦解，艺术与大众生活之间的关系拉近了，现代艺术呈现出反形式、反审美的景象。

▲ 心形的角度随意摆放的水泥花池具有大型游戏场景感，传统的花池形象被打破

4. Loft风格

传统的工业风相对粗犷和肃静，Loft风则更趋近于新工业风，其色彩丰富，形式多样，风格精致，更具现代感和设计感，受到崇尚自由、时尚、个性的年轻人的喜爱。Loft风格空间较高大开敞，没有过多阻隔和分区，使用灵活性高，束缚性小，能给予设计师充分的想象空间，常被改造为公共场所。Loft空间保留了原有的建筑结构、工业设施，与设计过程中新加入的建筑、构筑物、景观小品等相衬，自带环境的真实性、模糊性和艺术性，具有神奇的空间交错的美感。

◀ Loft 空间保留了原有的建筑结构和工业设施，与新加入的构筑物和景观小品相称

第三章

了解材质要点
精显庭院质感

小庭院建设使用材质主要分为地面铺装、立面铺饰、山石景观、照明用具 4 类，它们赋予了庭院结构性的支持，将庭院与外界环境紧密联系起来，又赋予了长久性的图案、色彩和质感。选材要结合房屋建筑和整体环境，如同打造底妆精致立显。

庭院材质的分类：
了解材质的属性

　　庭院材质的属性包括材料、质量和外形，材质美通过材料本身的物理和化学性质，即形态、样式、色泽、纹理、质地、构成等表现出来。不同的材料传达出不同的感知觉、联想和审美情趣，优质的材料能更好地展现设计意图，塑造出经典传承的景观。

一、按物理形态分类

1. 实材

　　实材也就是原材，主要是由原木、原石制成的材料。常用的原木有杉木、松木、栗木、柏木、香樟、楠木、银杏木、菠萝格、榆木、水曲柳、椴木、花梨木、榉木、橡木，常用的原石有花岗岩、砂岩、青石、石灰石、大理石等。

　　用于建筑、座椅、连廊、围栏、桥梁、平台、花架、铺装、墙面以及其他景观构筑物和景观小品的制作，实材以"立方米"为单位。

砖实材

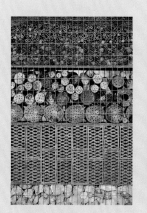
木实材

石头实材

原石堆建的墙体

原木搭建的种植花箱

土砖堆建的墙体

原木材料的栅格屏风

原木堆建的墙体

原木结构搭建的围栏

2. 板材

板材是做成标准大小的扁平矩形建筑材料板，在庭院设计中常用来作墙壁、地板的构件，具有广泛的应用价值。常见的板材有实木板、胶合板、装饰面板、刨花板、纤维板、防火板、木塑板、不锈钢板等，板材以"张"为单位。

复合型板材

多种板材

▲ 复合板材用做围栏，更具美观性

▲ 木板材应用在房屋建筑及地面平台铺装中

3. 片材

片材主要是指将石材、木材、竹材、陶瓷、树脂等加工成片状的材料。其中，石材主要有花岗岩、砂岩、大理石，竹木材料常加工为板状，陶瓷以地砖和墙砖为主，树脂材料加工为塑料以及石塑片材、木塑片材等复合材料，片材以"平方米"为单位。

复合型片材

陶瓷砖片材

▲ 庭院陶瓷砖片材铺贴地面

▲ 庭院花岗岩砖片材铺贴地面

4. 型材

型材是铁或钢及具有一定强度和韧性的材料通过轧制、挤出、铸造等工艺制成的具有一定几何形状的物体。型材既能单独使用也能进一步加工成其他制造品，常用于建筑结构与制造安装。如工字钢、H型钢、Z字钢、槽钢、钢轨等，常用于制作雨棚、阳光房、围栏、台阶、承重骨架等，型材以"根/条"为单位。

▲ 庭院型材打造的景观墙面，具有别具风格的景观效果

▲ 庭院型钢支架，坚固耐用，还具有艺术观赏性

5. 线材

线材主要指金属、木材加工而成的线状材料，除圆形断面外也有其他形状，其直径由于需求情况和生产技术水平不同而不一致。金属线材一般用普通碳素钢和优质碳素钢制成，常以盘卷交货，故又称为盘条。木线主要由杉木、松木、柚木等加工而成。线材常用于门窗、围栏、景观小品等的制作。

▲ 金属线材制成的景观小品，既可勾画出美观雅致的纹样供观赏，又可编织成细密可攀援的网络屏障供使用

二、按化学性质分类

1. 金属材料

金属材料指由一种或几种金属元素以及金属和非金属元素组成的合金的总称，其强度高、具有光泽、耐久性好，易于加工成丰富的造型，用于景观造景方面，常作为结构材料，在现代庭院设计中，因为它具有高雅庄重的外表，精致、轻巧、现代感强等特点，又常作为装饰材料。

庭院造景常用的金属材料有：钢材及其制品，如彩色不锈钢板、彩色涂层钢板、轻钢龙骨；铝合金及其制品，如铝合金百叶窗、铝合金浅花纹板、铝合金吊顶格栅；铁制品，如铁艺栏杆、铁艺大门、扁铁花；铜制品，如铜制雕塑、外墙板、门锁、把手、建筑壁炉等。

黑色铁艺院门

橙色不锈钢墙面和黑钢廊架

2. 无机非金属材料

无机非金属材料是除金属材料和有机高分子材料之外的所有材料的统称。常见的有砂浆、混凝土、水泥制品、石材、玻璃、陶瓷、石膏、无机复合材料等。

庭院土陶花盆小品　　　　　　　　　　　石材铺设的墙面和踏步

3. 有机高分子材料

有机高分子材料又称聚合物或高聚物材料，其种类多、密度小，电绝缘性、耐腐蚀性好，加工容易，其产品能满足多种用途的需求。常见的有：竹木、塑料、涂料、黏合剂、纺织纤维、皮革、壁纸、橡胶、沥青、合成树脂等。

庭院布艺沙发套组　　　　　　　碳化木墙面和塑料壁挂

底面材质的使用：
硬质铺装和柔软草坪

底面材质的使用对象包括园路布局、路面层结构和地面铺装等，其起着组织交通、引导游线、划分空间界面、提供散步休息场所、构成园景等作用。如同家装中使用的地板材料一样，室外底面选材要注重适用性、美观性、经济性和安全性。

一、硬质铺装材质

1. 花岗岩

花岗岩是庭院硬质铺装常见的应用石材，具有良好的硬度、抗水性、抗酸碱性和抗压性，抗风化、耐磨耐久、吸水性低，其表面平整，花色丰富，质感端庄，能满足多种设计审美需求，使用年限达数十至数百年。但花岗岩不耐高温，其含有的矿物质发生热膨胀后易出现裂纹。花岗岩石材除了用于庭院地面铺装之外，还可以用于外墙饰面、雕塑、柱子、栏杆、踏步汀步、台面台阶、构筑物基础等。

花岗岩石材除了用于庭院地面铺装之外，还可以用于外墙饰面、雕塑、柱子、栏杆、踏步汀步、台面台阶、构筑物基础等。

方形花岗岩石板与铺路石搭配

花岗岩拼接铺地

花岗岩与木板拼接铺地

花岗岩的加工方法多种多样，具有代表性的石材表面种类如下：

磨光面

亚光面

火烧面

龙眼面

蘑菇面

自然面

拉丝面

荔枝面

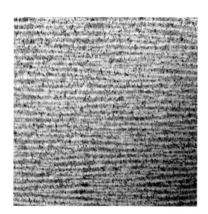

流水面

机切面

剁斧面

钉凿面

2. 文化石

文化石又称艺术石，是对一类能够体现独特建筑和景观风貌的石材的统称，其具有原始的纹理和色泽，展现出自然的艺术魅力，包括砂岩、板岩、青石板。

砂岩：绝大部分由石英或长石组成，是一种无光污染、无辐射的优质天然石材，其吸音、防潮、防滑、抗破损，材质冬暖夏凉，气质温馨典雅。砂岩可用于庭院汀步、踏步、地面、护坡。砂岩还可以广泛应用于浮雕、壁画、喷泉、壁炉灯饰、拼花等景观装饰，砂岩产品能够与木作装修有机连接，无需增加其他工序和油漆就能直接把雕刻品安装上墙，因此也常用于墙面装饰。

砂岩和碎石子铺地

　　板岩：又称板石，是一种变质岩，天然自带艺术性，具有优美的纹路，非常适合与木材搭配。因具有板状结构，可沿层理面劈开，表面较平整形成薄而坚硬的石板。板岩在庭院中还可以应用于屋面瓦材、外墙材质、水池池壁、景墙装饰等。

板岩拼接铺地

　　青石板：是沉积岩中分布最广的一种岩石，带有天然粗犷的质感，纹理清晰，具有装饰性，但其材质较软，吸水率大，易风化，耐久性较弱。根据加工形式的不同，有平石板、蘑菇石板、条石、乱形石板等种类，常用于特色地面、踏步。另外，青石板也可用于墙面铺设。

庭院青石板铺路

3. 人造石

人造石材是一种人工合成的建设材料，根据人造石材使用胶合材料的不同，可分为水泥型、树脂型、复合型、烧结型四种。其中，树脂型人造石材是使用最常见的，是以不饱和聚酯树脂为黏结剂，与天然大理石碎石、石英砂、方解石、石粉或其他无机填料按比例配合，再加入催化剂、固化剂、颜料等外加剂加工而成。

另外，常见的人造石还包括聚酯型人造石、水磨石、水洗石、洗米石、PC石、胶粘石、微晶石、陶瓷颗粒、压模地坪等。其中，压模地坪也叫艺术地坪，是采用特殊耐磨矿物骨料，高标号水泥、无机颜料及聚合物添加剂合成的具有高强度的耐磨地坪材料。

人造石压模地坪

人造石踏板铺地

4. 砖材

砖材铺地施工简单，形式多样，不但色彩丰富，而且形状规格可控，许多特殊类型的砖还可以满足特殊的铺贴需要，创造出特殊的效果，是一种广泛使用的硬质铺装材料。砖材广泛用于庭院类型的小面积构筑，如室外行道、休闲区、露台砌筑、地面铺装、不规则边界及墙体构造砌筑等，增加景观的趣味性。

砖材分为烧结砖（主要指黏土砖）和非烧结砖（灰砂砖、粉煤灰砖等），俗称砖头。烧结砖以黏土、页岩、煤矸石、粉煤灰、淤泥、建筑渣土及其他固体废弃物等为主要原料经焙烧制成。按有无孔洞分为普通砖、多孔砖和空心砖。其质坚、耐压耐磨，能防潮，且就地取材、价格便宜，花色品种非常多，可供选择的余地很大。

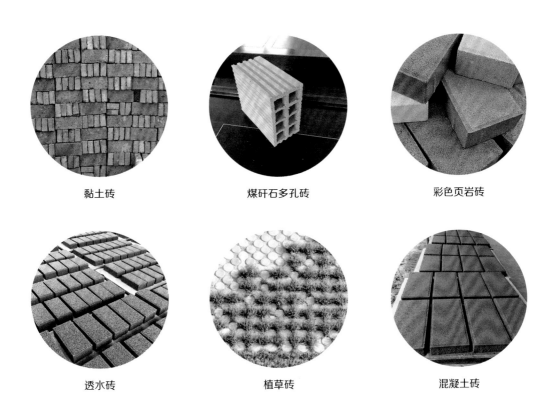

黏土砖　　　　　　　　　煤矸石多孔砖　　　　　　　彩色页岩砖

透水砖　　　　　　　　　植草砖　　　　　　　　　混凝土砖

小贴士

新型绿色环保免烧砖材如透水砖、植草砖、水泥砖等，多采用绿色环保材料，按一定比例加入凝固剂及微量化学添加剂，经高压压制成型，不经高温煅烧而制造的一种新型墙体材料。这类砖材外表光滑、边角清晰、线条整齐，色泽自然、持久，使用寿命长，耐磨和抗压性好，挤压后不出现表面脱落，适合更高的负重使用环境，透水性好、防滑功能强，且维护成本低，是一种取代黏土砖的极有发展前景的更新换代产品。

5. 水泥

水泥是一种加水拌和成塑性浆体，能胶结砂、石等材料既能在空气中硬化又能在水中硬化的粉末状水硬性胶凝材料。在白色水泥中渗入适量的耐碱色素，可制成彩色水泥。彩色水泥可配制成各种不同颜色的彩色水磨石、人造大理石、水刷石、斧剁石和干黏石等人工石材，是一种彩色混凝土装饰面层材料。

水泥主要用于建筑装饰工程的粉刷、勾缝、雕塑、地面、楼梯、亭柱、台阶的装饰和制造各种颜色的水刷石、水磨石制品。还可适用于粘接各种墙面铺贴材料、砌筑材料，浇筑实体构造及建筑装饰工程等。

白水泥嵌缝铺面

白水泥地板铺地

6. 砂石

砂石主要包括河砂、碎石、卵石，具有细致破碎的形态，常用于水泥、混凝土调配，也可以直接用于特色砌筑和铺装。河砂相较于海砂、湖砂质量和成分更稳定。碎石包含天然碎石和机械碎石两种，卵石表面光滑圆润，形态、颜色不一，是开采河砂的附产品。

在庭院建设中，砂石铺面常用来铺设人行道、休闲广场、园路和汀步，也用于砌筑围墙、挡土墙等。

碎石子、石板和鹅卵石铺地

7. 混凝土

混凝土是指由胶凝材料、骨料和水，必要时加入外加剂、矿物掺和料，按适当比例配合拌制成拌合物，经一段时间会自然硬化，也称为普通混凝土，广泛应用在建筑建设工程中。

混凝土耐久性和可塑性好，造价低廉、铺设简单，具有多变的外观，实用性很强。

在庭院底面铺设和立面建造中，可通过简单的工艺，如染色、喷漆、蚀刻、艺术压印等做处理，呈现多样的效果。如今，透水混凝土的出现更增添了环保的特性。

庭院透水混凝土路面

庭院沥青混凝土路面

小贴士

沥青混凝土是指与一定比例的路用沥青材料，在严格控制条件下拌制而成的混合料。彩色沥青混凝土是指脱色沥青与各种颜色石料、色料和添加剂在特定的温度下混合拌合配制而成的混合料。其色泽鲜艳持久，耐高温和低温，维护方便，具有良好弹性和柔性，吸音、防滑，具有良好的路用性能。

8. 防腐木和炭化木

防腐木是将普通软木材经过人工添加化学防腐剂之后，使其具有防腐蚀、防潮、防真菌、防虫蚁、防霉变以及防水的特点，同时还具有渗透性好、抗流失性强、能抑制木材含水率变化等特性，能够直接接触土壤及潮湿环境，环保、固碳、可降解，具有良好的弹性和韧性，能承受较大的冲击荷载和振动作用。

炭化木则是没有使用防腐剂的防腐木，是将木材的营养成分炭化，通过切断腐朽菌生存的营养链来达到防腐的目的。炭化木也广泛使用在庭院造景中，其纹理明显，气质自然，稳重质朴，与庭院的绿植、水景、山景相搭配非常和谐。

防腐木和碳化木在庭院建设中可用于户外地板、露台、雕塑景观、娱乐设施、栈道、花架、围栏、景观墙等的制作。

防腐木铺装　　　　　　　　　　　　　　　碳化木铺装

9. 沥青

沥青是由一些复杂的高分子碳氢化合物及其非金属（氧、硫、氮）衍生物所组成的混合物，在常温下呈现黑色或黑褐色的半固态、固态或液态的有机胶凝材料。其耐久性、防腐性、防水性、防滑性、高温稳定性能都非常好，具有良好的弹性，能有效减少运动损伤，沥青的多孔特性，还使它能吸收来自外界的噪音，被广泛用于铺筑路面、车道、人行道。

庭院沥青步道

彩色沥青步道

彩色沥青又名彩色胶结料，是模仿石油沥青组分，采用石油树脂与SBS改性剂等化工材料共混改性而成的胶结料，其色彩鲜艳持久，视觉效果好，彩色沥青铺装主要适用于庭院景观园路铺装。

10. 大理石

大理石是一种变质岩，主要成分为方解石，其花纹细腻，经过打磨后，表面焕发出美丽的光泽。但大理石材质较软，硬度低，容易被划伤。经过打磨加工后，表面的光泽易消失。此外，大理石耐火性低，接近600℃物体时，会发生断裂。耐酸碱性差，碰到柠檬、橘子后会形成斑点。此外，大理石吸水率高，故而污垢会深入渗透到内部。

大理石具有极佳的装饰效果，常作为奢华风室内地面铺装石材，用于酒店、展厅、博物馆、大厦等高级建筑物室内墙面、地面、柱面、台面。因为天然大理石易被酸性氧化物侵蚀，故而较少用于室外。因此在庭院硬质铺装建设中，不推荐大量使用。

大理石铺地

二、柔软草坪铺地

　　草坪是用多年生矮小草本植株密植，并经修剪的人工草地。在庭院设计中，按用途可分为：观赏草坪、游憩草坪、运动场草坪和水岸护坡草坪。

庭院游憩草坪

运动场草坪

　　草坪植物根据生长气候可分为冷季型草坪草和暖季型草坪草，冷季型草适宜的生长温度在15℃～25℃，当气温高于30℃时，生长缓慢；暖季型草最适合生长的温度为25℃～35℃，在-5℃～42℃范围内能安全存活，这类草在夏季或温暖地区生长旺盛。冷季型草坪草适宜我国黄河以北的地区生长，在南方越夏较困难。暖季型草坪草在我国主要分布于长江以南及以北部分地区。

　　冷季型草坪常用的草本植物主要有：高羊茅、黑麦草、早熟禾、白三叶、野牛草、剪股颖；暖季型草坪常用的草本植物主要有：结缕草、狗牙根、百喜草、画眉草、地毯草、钝叶草、假俭草等。

水岸护坡草坪

庭院观赏草坪

立面材质的使用：
墙面、建筑和构筑物表面材质

　　立面材质的使用对象包括墙面、建筑和构筑物表面材质，其决定并丰富了庭院景观的立面视觉效果，立面景观设计和材质选用也要与庭院整体环境相和谐，以营造良好的空间氛围。除前文讲到的硬质铺装可同时应用于墙面构筑的材料之外，本节将继续介绍具有普遍适用性的特色立面材料。

一、劈开砖

　　劈开砖也名劈裂砖、劈离砖，是传统陶瓷墙砖的一种，以黏土入坯，烧制不施釉，坯料中加以颗粒，切割时自然产生拉丝，从而使砖的表面具有颗粒和凹坑的古朴质感。劈开砖表面硬度大，防潮、耐磨，性能稳定，跟黏土砖颜色相仿，主要用于庭院户外建筑和构筑物的墙面、构造铺装。

外墙劈开砖

▲ 墙面劈开砖应用

二、彩胎砖

彩胎砖也是一种本色无釉的瓷质墙面砖，采用彩色颗粒土原料混合配料，压制成多彩坯体后，经一定温度烧成呈多彩细花纹的表面，富有花岗岩的纹点，有红、绿、黄、蓝、灰、棕等多种基色，多为浅色调，纹点细腻，色调柔和莹润、质朴高雅，吸水率低，耐磨性好，用于墙面装饰美观且耐用。

外墙彩胎砖

▲ 彩胎砖应用墙面

三、金属板 / 条

金属材料作建造装饰材料历史悠久，品种繁多，其强度高、塑性好、抗压、抗冻、抗渗透、耐磨、耐用、耐腐蚀，具有很强的实用性能和装饰性能。庭院立面建造中常见的金属板/条材如锈板、木纹铝条、耐候钢板、不锈钢烤漆镂空板、彩色不锈钢板、铝合金花纹板、装饰五金、钣金类外墙材料等，不仅坚固耐用、美观新颖，而且具有强烈的时代感，是现代庭院建造中常用的选材。

锈板雕饰和围挡

耐候钢架景观墙

四、油漆涂料

　　油漆和涂料是一种涂敷于被保护或被装饰的物体表面，并能与物体黏结牢固形成附着的连续薄膜，起到保护、装饰、标志和其他特殊用途的化学混合物。外墙油漆和涂料一般具有良好的装饰性、耐水性、耐候性和防污性。常见的油漆涂料有水泥漆、乳胶漆、木器漆、金属漆、真石漆、仿岩涂料、肌理涂料、丙烯酸酯/聚氨酯外墙涂料、复层外墙涂料、腻子粉、灰泥等。

真石漆墙面

肌理涂料墙面

五、塑料

塑料是以合成树脂或天然树脂为主要原料，根据制品的不同性质，加入适量的填料和添加剂，在一定的温度和压力下经混炼、塑化、成型，且在常温下能保持成品形状不变的弹性材料。其质轻、比强度大，加工性能好，装饰性能优异，绝缘性能好，耐腐蚀、耐光，减震、吸声、节能效果好，在装饰工程和庭院景观工程中，塑料是应用最广泛的高分子材料。常见的塑料应用制品有塑料管材、塑钢门窗、塑料栏杆、塑料花盆、植草格、玻璃钢景观小品，还有塑料复合材料制品等。

其中，常见的木塑复合材料是一种由木粉、稻壳、秸秆等植物纤维为基础材料与塑料制成的复合材料，其密度高、硬度大，耐水、耐腐蚀，使用寿命长，原料来源广泛易加工，在实用程度上可替代木材。常用于制作花箱、树池、篱笆、垃圾桶、指示牌、座椅、靠背条、休闲桌面、扶手、栏杆花架等。

◀ 黑色塑木墙面、顶棚及塑料花箱，塑木材质耐用、质轻、价格实惠的特点，是日渐常选的景观材料

六、玻璃

玻璃是以石英砂、纯碱、长石、石灰石等为主要原料，并加入辅助原料，经高温熔融成型并急速制冷而制成的透明硅酸盐材料。其具有采光、控制光线、保温节能、装饰立面的作用，是唯一能用透光性来控制和隔断空间的材料。

玻璃的种类很丰富，常见的有普通平板玻璃，建筑安全玻璃有钢化玻璃、夹丝/夹层玻璃、贴膜玻璃，建筑装饰玻璃有磨砂玻璃、有色玻璃、彩绘玻璃、压花玻璃、雕花玻璃、烤漆玻璃、艺术玻璃、琉璃玻璃、玻璃砖等。还有特种玻璃分为吸热玻璃、镀膜玻璃、中空玻璃、智能玻璃、异形玻璃、泡沫玻璃，还有防紫外线玻璃、选择吸收玻璃、低辐射玻璃等。

▶ 庭院玻璃幕墙将阳光很好地渗透进另一个空间，具有良好的采光和独特的装饰效果

七、布艺 / 皮革等软质材料

在庭院设计中，能够使景观空间表现得更加柔和、细腻、丰富的材料，如布艺、织物、棉麻竹木纤维、皮革、帘帐、挂毯等被定义为软质材料。软质材料在满足其功能性的同时，对整体空间的设计具有加分作用，能增添浪漫、温馨的情感色彩。

▲ 整洁的木质围栏材料，增添精致的生活气息

▲ 软性布艺、织物、纤维材质，增添浪漫、温馨的情感色彩

其他材质的使用：
景观营造及照明设计

　　山石、水景、照明设计是具有特色的庭院景观构成，中式、欧式、自然风、禅意风、现代风的庭院造景都有涉及。了解庭院建造过程中山石、水电材料的选用，能够更好地贴合庭院风格和特点进行设计布景，有助于提升庭院品质并且将预算控制在可接受的范围内。

一、山石景观材质

　　小庭院内的山石造景即营造仿自然环境的小型假山、石堆、驳岸、置石、碎石等山石砌体，按石景的主要材料可分为天然山石和人工山石两种。

　　天然山石材料：天然的山石材料，选取自然的山石石材，仅仅在人工砌叠时，以水泥作胶结材料，以混凝土作基础粘接定型。

　　常见的天然山石材料：

钟乳石

泰山石

龟纹石

黄蜡石

硅化木

灵璧石

黄石

上水石

太湖石

浮石

卵石

英德石

宣石

斧劈石

石笋

水冲石

海母石

千层石

人工山石材料：人工山石造景是以水泥混凝土、钢结构、钢丝网或GRC（低碱度玻璃纤维水泥）等作原材料，利用泥塑、雕塑的艺术手法塑造成型的山景。依据山石材料的不同可分为水泥山石、GRC山石，此外还有硅造石、煤矸铸石等。

▲ 人造假山形成的水景观，尽量模拟自然山石的形态

人工山石材料常见材料详解：

种类	概述
水泥山石	水泥山石是以砖石材料、钢丝网、钢骨架等为原料，水泥作为凝胶材料，人工雕塑制作而成，有砖石骨架山石、钢骨架山石等
GRC 山石	GRC 即玻璃纤维强化水泥，是一种以耐碱玻璃纤维为增强材料，水泥砂浆为基本材料的纤维水泥复合材料，与传统的水泥混凝土制品相比，具有更好的抗拉、抗折程度及韧性，尤其适合做表现感强烈的装饰造型。GRC 山石的缺点在于使用时间长容易出现表面掉色、拼接缝开裂、破损、倒塌、移位等问题
FRP 山石	FRP 即玻璃纤维强化塑胶，俗称玻璃钢，是由不饱和树脂和玻璃纤维结合而成的一种质轻柔韧的复合材料。其可塑性强、密度小、质量轻、易使用和搬运，因此很适合做硬模

二、多种水景材质

1. 水池

水池的结构一般由基础、防水层、池底、池壁、压顶等部分组成。基础材料通常由混凝土层组成；防水层材料主要有沥青类、塑料类、橡胶类、金属类、砂浆、混凝土和有机复合材料等；池底多用现浇钢筋混凝土；池壁一般有砖砌池壁、块石池壁、钢筋混凝土石壁；压顶材料也常用现浇钢筋混凝土、预制混凝土块和天然石材。

▲ 水池底部施工，铺设钢筋骨架，再浇筑混凝土砂浆做防水层

2. 跌水/跌瀑

跌水是连接上下游渠道的阶梯式跌落构筑物，其沟底为阶梯形，水流呈瀑布式跌落。根据落差大小，跌水可分为单级跌水和多级跌水。以砌石和混凝土建造者居多。另外，根据跌水水池的形状，还可以分为规则式跌水和自然式跌水。规则式跌水主要用钢筋混凝土、机砖砌筑，表面用花岗岩、大理石、文化石等装饰。自然式跌水主要用黄石、湖石等天然石块砌筑。

规则式多级跌水

自然式多级跌水

3. 喷泉

喷泉是一种将水或其他液体经过一定压力通过喷头喷洒出来具有特定形状的景观水景。喷泉还结合了优美的景观外形，亦动亦静，形成明朗活泼的气氛，给人惬意的享受。喷泉系统通常由喷泉喷头、管材和管件、调节及控制设备、加压设备、净化装置及水源组成。

喷泉喷头优先选用铜制、不锈钢制材料，也可以用铝合金、陶瓷和玻璃制材料；喷泉管材主要使用金属管和非金属管，金属管有铜管、不锈钢管、镀锌管，非金属管有PVC-U管、PPR管、钢塑复合管、铝塑复合管、混凝土管、钢筋混凝土管等；调节及控制设备常用的有程序控制（造价低）、时钟控制，即利用继电器、接触器对水泵和电磁阀进行控制；常用的加压设备是卧式或立式离心泵和潜水泵等。

小贴士

庭院不在大，有水则灵，水景对于人们有天然的吸引力。根据庭院空间的不同，采取多种手法引水造景，如生态水池、浅水池、涉水池、瀑布、跌水、溪流、喷泉及装饰水景等，场地中已有的自然水体的景观要保留利用，进行综合设计，使自然水景与人工水景融为一体。

不锈钢喷泉喷头

喷泉效果

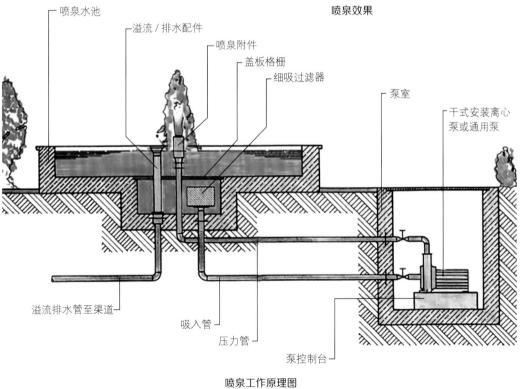

喷泉工作原理图

4.驳岸

驳岸是指在水体边缘与陆地交界处，为稳定岸壁，保护水体不被冲刷或水淹等因素破坏而设置的岸边构筑物。驳岸按景观特点可分为草皮驳岸、山石驳岸、整形石砌体驳岸、石砌台阶式驳岸、钢筋混凝土池壁驳岸、板桩式驳岸和卵石及其贝壳驳岸等。

山石驳岸

草皮驳岸

整形石砌体驳岸

混凝土驳岸

挖掘土槽，开垦渠道

铺设防水布确定流域面积

铺筑水泥垫层和石子池底

细化水岸景观，丰富水域植物

▲ 用防水布做基础材料，铺设卵石、黄石等天然石材建造的小庭院溪流驳岸

　　驳岸的结构一般由基础、墙身和压顶三部分组成，基础材料有混凝土、块石、防水布、桩基材料等；墙身材料主要有钢筋混凝土、块石混凝土、水泥砂浆、整形花岗岩、自然黄石、青石、卵石等；压顶材料常用预制混凝土块和天然石材。

三、照明电路材质

　　庭院供电系统由低压配电线路、变压器和用电设备组成。通常使用交流电源，电压220V，多用于照明设备及电器；电压380V，多用于三相动力电源。室外配电线路应选用铜芯电缆或导线，电缆由缆芯（铜制）、绝缘层（橡胶或聚氯乙烯制成）和保护层（塑料或橡胶制成）组成。变压器由铁芯或磁芯和线圈组成。

　　常用的电路材料有电线、穿线管、接线暗盒、空气开关、开关插座面板等，常用的用电设备主要有照明灯具、音响和水泵。小庭院常用的灯具有微型白炽灯、霓虹灯、荧光灯、高压汞灯、钠灯、节能灯、LED灯、光纤灯、卤素灯等。

▲ 小庭院使用的艺术灯具，在照明的同时，还能满足良好的观赏效果

▲ 小庭院使用的高压汞灯，其高度与道路和周围的植物绿篱适宜

第四章

选好植物软景
塑造丰满骨架

植物塑造了庭院景观的软景结构，是重要的构成部分。同时，植物带来的感官刺激，丰富了景观层次，有助于舒缓和休养身心，给人温柔的记忆和享受。选择适合小空间环境和风格的植物，需要根据植物生长习性，精心挑选组合搭配，最终营造出优美、丰富且实用的庭院植物景观。

首选主景树：
植物软景定框架

　　主景树是庭院必不可少的一部分，因为庭院景观效果的提升很大程度上来源于主景树。造型独特美观的主景树，最大程度地塑造了庭院的第一印象，好的主景树不仅让庭院变得更加富有生机，还能提升家庭的活泼氛围。

一、什么是主景树

　　庭院中位于主要位置、较为突出，或者虽然位于边缘，仍然很明显能吸引人们视线注意，具有良好的观赏性的植物，就是庭院的主景树。

　　主景树的树形较为高大，能够影响庭院空间的界限、高度、植物整体形态和宽敞程度，将植物景观的框架构建起来。因此，在植物种植设计时，要优先考虑。

▲ 在庭院边缘分布的两棵主景树　　▲ 狭小庭院的主景树

二、主景树的选择

1. 主景树的大小

作为小庭院进行主景树种植设计时，如果种植枝叶过于茂密，树形过于巨大，会显得庭院更加狭小、拥挤，所以，通常可以选择生长较为缓慢、树形婆娑优美不过于横向延展的中小型乔木或大灌木。

▲ 选用中小型乔木做主景树的庭院

▲ 过于高大的主景树会让庭院显得狭小

159

2. 与环境相和谐

　　主景树作为庭院景色的重要组成部分，是最突出和吸睛的植物构成，要考虑它和房屋主体建筑和周围环境的协调性。在高度、色彩、树形等选择上，要与庭院整体设计相和谐。

▲ 主景树高度合适，高于庭院墙，不会造成压抑感，向下俯视庭院，其红色叶与围墙色及周围植物的绿色搭配十分协调，为庭院色彩增添暖色和亮色

▲ 主景树色彩清新，与房屋建筑的白色和木地板的暖黄色及周围中层植物的绿色都很和谐，高度上三级植物的搭配也很和谐

3. 主景树的数量

　　主景树的选种可以有一棵或多棵，小庭院中不宜栽植过多，每100m²左右的庭院，如果主景树都是乔木，则适宜1~2棵；如果主景树搭配了大灌木，则适宜1~3棵。

▲ 选用一棵树作为主景树的庭院，主景树成为植物景观的焦点

▲ 选用两棵树作为主景树的庭院

4. 主景树的种类

常见的主景树树种大致可分为落叶树、常绿阔叶树、常绿针叶树三类。落叶树具有四季不同的观景感受，春夏季萌芽开花，秋冬季结果落叶，冬季落叶之后可以欣赏树干，或者有色果实，树下空间能得到良好的光照。常绿阔叶树长有绿色扁平叶子，常绿针叶树长有绿色针状叶子，常绿乔木生长缓慢、四季常青可观赏，也很适合作为主景树植物，三类树种各有特色。

用常绿树做主景树

选用落叶树做主景树

三、主景树的种植方式

1. 确定主景树的位置

在做植物种植设计的时候，首先要确定主景树的位置。即便是很小的庭院，分配好庭院植物的栽植位置，也会让庭院看起来更宽阔、丰满且有秩序。主景树作为庭院的重要景观，要注意前文讲到的庭院建造的流程，注意尽量从各个角度看向庭院的时候，都能有良好的观景感受，尽量把主景树安排在适合的位置。

▲ 主景树位于庭院的边缘位置，起到较好的衬托和隐蔽作用

▲ 主景树位于庭院中间位置，具有良好的观景效果

2. 确定主景树的种植方式

主景树常孤植，孤植表现树木的个体美，包括颜色、姿态等，或者搭配草花，因为草花较为低矮，能更好地衬托主景树避免太单调。也可以选择丛植，即几株同种或异种树木不等距离地种植在一起形成树丛效果，在丛植形式中，主景树仍然是种植构图上的中心。

主景树孤植种植方式

主景树丛植种植方式

08　加拿大唐棣

花期：4~5 月　　　　　**果期**：9~10 月
光照：阳光充足　　　　　**树高**：3~8m
水分：稍微湿润　　　　　**地域**：北方及中部

植物特色：小乔木，春天开芳香白花，仲夏叶片变黄，秋季结扁球形果实，叶片变为红色，树枝较细，树形优美。较耐寒，宜种植在酸性、湿润、排水良好的土壤中，无遮阴或半阴凉处。

09　山茱萸

花期：3~4 月　　　　　**果期**：9~10 月
光照：阳光充足　　　　　**树高**：4~10m
水分：稍微湿润　　　　　**地域**：北方及中部

植物特色：落叶乔木或灌木，初春开花后萌叶，秋季红果累累，鲜艳欲滴可观赏。较耐阴但又喜充足的光照，宜栽于排水良好，富含有机质、肥沃的沙壤土中。

10　榆叶梅

花期：4~5 月　　　　　**果期**：5~7 月
光照：阳光充足　　　　　**树高**：2~3m
水分：稍微湿润　　　　　**地域**：北方及中部

植物特色：落叶灌木，枝紫褐色，花先于叶开放，粉红色重瓣，美丽可观。喜光，稍耐阴，耐寒，根系发达，耐旱力强，不耐涝，抗病力强，对土壤要求不严，以中性至微碱性而肥沃土壤为佳。

11　接骨木

花期：4~5 月　　　　　**果期**：9~10 月
光照：阳光充足　　　　　**树高**：3~6m
水分：稍微湿润　　　　　**地域**：南北区域

植物特色：落叶小乔木或灌木，春天开白色或淡黄色花，秋天果实红色可观赏。喜光，亦耐阴，较耐寒，又耐旱，根系发达，萌蘖性强，以肥沃、疏松的土壤栽培为佳。

玉兰 12

花期：2~3 月　　　　　　　果期：8~9 月

光照：阳光充足　　　　　　树高：3~10m

水分：稍微湿润　　　　　　地域：南北区域

植物特色： 落叶乔木，叶纸质，倒卵形、宽倒卵形，深绿色或披绒毛，花先于叶开放，直立、芳香、或白或紫，亭亭玉立，莹洁清丽，状若芙蓉，香味似兰，观赏性强。喜阳光，稍耐阴，有一定耐寒性，喜肥沃适当润湿而排水良好的弱酸土壤。

四照花 13

花期：5~6 月　　　　　　　果期：8~10 月

光照：阳光充足　　　　　　树高：5~9m

水分：较湿润　　　　　　　地域：南北区域

植物特色： 落叶小乔木，树形整齐，初夏开乳白色花如蝴蝶，核果红艳，秋季叶片变红可观赏。喜光、温暖气候和阴湿环境，能耐一定程度的寒、旱、瘠薄，适生于肥沃而排水良好的土壤。

侧柏 14

花期：3~4 月　　　　　　　果期：10 月

光照：阳光充足　　　　　　树高：3~10m

水分：稍微干燥　　　　　　地域：南北区域

植物特色： 雌雄同株常绿乔木，树冠广卵形，小枝扁平，排列成一个平面，叶小鳞片状，紧贴小枝上，寿命长达数百年，常见庭院树种。喜光，稍耐阴，适应性强，对土壤要求不严，耐干旱瘠薄，在酸性、中性、石灰性和轻盐碱土壤中均可生长。

桂花 15

花期：9~10 月　　　　　　果期：翌年 3 月

光照：阳光充足　　　　　　树高：3~5m

水分：喜湿润　　　　　　　地域：中部及南方

植物特色： 常绿乔木或灌木，叶片革质椭圆形，聚伞花序簇生，花冠黄白色、淡黄色、黄色或橘红色，香气清可绝尘，浓能远溢，堪称一绝。喜光、亦能耐阴，喜温暖、湿润，抗逆性强，既耐高温，也较耐寒，以土层深厚、疏松肥沃、排水良好的微酸性砂质壤土最为适宜。

16 茶条槭

花期：5 月　　　　　　果期：10 月

光照：阳光充足　　　　树高：3~6m

水分：稍微湿润　　　　地域：北方

植物特色：落叶灌木或小乔木，夏季果粉红色供观赏，秋季叶色红艳美丽，是北方优良的观赏树种。喜光、耐阴、耐寒，喜湿润土壤，耐旱，耐瘠薄，抗病力强，适应性广。

17 龙爪槐

花期：7~8 月　　　　　果期：8~10 月

光照：阳光充足　　　　树高：3~10m

水分：稍微干燥　　　　地域：南北区域

植物特色：落叶乔木，树冠优美，花芳香，枝条遒劲弯曲可观赏。喜光，稍耐阴，能适应干冷气候，深根性，根系发达，适应性强，较耐瘠薄，抗风力强，萌芽力强，寿命长，喜生于土层深厚、湿润肥沃、排水良好的沙质壤土。

18 樱花

花期：4 月　　　　　　果期：5 月

光照：阳光充足　　　　树高：4~10m

水分：稍微湿润　　　　地域：北方及中部

植物特色：落叶乔木，花色鲜艳亮丽，枝叶繁茂旺盛，盛开时节花繁艳丽，满树烂漫，是早春重要的观花树种。喜光、喜温暖湿润的气候，对土壤的要求不严，宜在疏松肥沃、排水良好的沙质壤土生长，但不耐盐碱土。

女贞 19

花期：5~7 月 　　　**果期**：7 至翌年 5 月

光照：阳光充足 　　　**树高**：3~8m

水分：稍微湿润 　　　**地域**：中部及南方

植物特色：常绿灌木或乔木，枝叶茂密，树形整齐，春季开白色花，秋季结红黑色果实，是常用观赏树种。喜温暖湿润气候，喜光耐阴，耐寒，耐水湿，适应性强，生长快、耐修剪，宜选择背风向阳、土壤肥沃、排灌方便、耕作层深厚的壤土、沙壤土、轻黏土为播种。

海棠 20

花期：4~5 月 　　　**果期**：8~9 月

光照：阳光充足 　　　**树高**：3~8m

水分：较湿润 　　　**地域**：中部及南方

植物特色：落叶灌木或小乔木，树态峭立，香且艳，花蕾红艳，花型较大，簇满枝条。喜光、不耐阴、不甚耐寒，喜温暖湿润环境，适生于阳光充足、背风处。土壤要求不严，微酸或微碱性土壤均可成长。

紫薇 21

花期：6~9 月 　　　**果期**：9~12 月

光照：阳光适当 　　　**树高**：3~7m

水分：较湿润 　　　**地域**：中部及南方

植物特色：落叶灌木或小乔木，枝干多扭曲、小枝纤细，树形优美，夏季开花，花淡红色、紫色或白色，蒴果椭圆状球形可观赏。喜水、喜肥，喜土壤湿润，萌发能力强，耐修剪，粗放好养护。

22 青竹

花期：4~5 月　　　　果期：10 月

光照：阳光适当　　　　树高：3~10m

水分：稍微湿润　　　　地域：南方

植物特色：高大乔木状禾草类植物，生长快速，竹制坚韧，具有文人雅韵，备受国人喜爱。喜光，较耐阴，能耐短期低温，具有较强适应性，宜种植在酸性土至中性土中，忌排水不良。

23 罗汉松

花期：4~5 月　　　　果期：8~9 月

光照：阳光适当　　　　树高：3~10m

水分：稍微湿润　　　　地域：南方

植物特色：常绿乔木，叶螺旋状着生，条状披针形，微弯，枝开展或斜展，较密。喜温暖湿润气候，耐寒性弱，耐阴性强，喜排水良好湿润之沙质壤土，对土壤适应性强，盐碱土上亦能生存。

24 棕榈

花期：4 月　　　　果期：12 月

光照：阳光适当　　　　树高：3~10m

水分：稍微湿润　　　　地域：南方

植物特色：常绿乔木，树势挺拔，叶色葱茏，适于四季观赏。喜欢温暖、阳光充足的环境，耐寒能力很强，有一定的耐阴和耐旱能力，适生于疏松、肥沃、排水良好的中性或者微酸性的土壤中，耐轻盐碱。

点缀中层植物：
可使四季鸟语花香

中层植物作为庭院竖向空间植物种植中，是最大面积的植物铺陈，能够打造整体的植物氛围，中层植物的选择和设计决定了植物种植的底色。中层植物可以起到连接主景树和花境植物的作用，还能创造丰富、立体的植物组团。

一、什么是中层植物

庭院中位于次要位置、面积较大，具有一定高度和立体感，通常在1~3米左右的高度，具有良好的观赏性，但又不喧宾夺主的植物组群就是中层植物。

中层植物往往具有好看的枝叶和果实，在树形上相较于主景树要求较低，中层植物常用作植物背景进行大量铺陈种植，也用于篱笆和栏杆的设计，因此，攀援类植物也并入此类，但在植物搭配上，攀援类植物体型相对更大。

▲ 围绕主景树的大面积绿色灌木丛和攀援植物，被定义为中层植物

▲ 中层植物作为大面积铺陈的植物背景，通常在1~3米的高度

二、中层植物的选择

1. 中小型灌木

灌木的高度通常都在3米以下，处在乔木和草花之间，从地面开始分枝，呈现分叉形生长，主干和树枝的区分不明显，同时具有良好的观赏特性。

中层植物既要有大面积的存在感，又不能超越主景树的观赏地位，因此，中小型灌木在高度上便成为不二之选。另外，灌木的品种十分丰富，树形和生长速度各不相同，在搭配种植时，可选择的空间很大。

中小型灌木丛做中层植物

中小型灌木丛做中层植物

2. 攀援类植物

攀援类植物具有蔓性，从根部长出的新的枝叶会像藤蔓一样伸展。著名的攀援植物例如蔷薇、爬山虎、紫藤等都很有魅力，自带营造氛围的效果，能形成优美又不同于树形植物的景观，很容易成为中层植物中的焦点。

攀援类植物能照顾到庭院的边角区域，例如边墙、围栏、废弃的庭院角落等。在搭配种植时，与树形中小型灌木或草花花境都能形成很好的烘托对比。

攀援类植物做中层植物

三、中层植物的种植方式

1. 主要运用丛植

丛植即几株同种或异种树木不等距地种植在一起形成树丛效果，属于混交树丛种植方式。它以反映树木的群体美为主，这种树丛的组合形成的群体美，要通过个体之间的有机组合与搭配来体现，彼此之间既有统一的联系，又有各自的形态变化。

▲ 中小型灌木丛植种植方式，图中搭配了地被植物

2. 配合生长周期

中层植物的种植会运用到大量的植物搭配技巧，首要考虑的是要配合植物的生长周期。了解所选植物的株型、冠幅，并在图纸上圈点定位，初步设计栽植位置；了解植物的花期、果期等观赏时间，使植物群组有序观赏，四季可赏；了解植物的花形、花色，在搭配时增强对比。

▲ 配合植物的生长周期进行种植设计，能够观赏到按季节开花的四季有景的植物群组

▲ 色彩鲜艳，正处于开花季节的花灌木群，近处为开得正盛的绣球花

/ 常见小庭院中层植物 32 种 /

01 黄刺玫

花期：4~6 月　　　　　果期：7~8 月

光照：阳光充足　　　　树高：2~3m

水分：稍微干燥　　　　地域：北方

植物特色：落叶灌木，小叶片宽卵形或近圆形，花单生于叶腋，重瓣或半重瓣，花开时节，大片灿烂金黄色，观赏性好。喜光，稍耐阴，耐寒力强，对土壤要求不严，耐干旱和瘠薄，不耐水涝，在盐碱土中也能生长，以疏松、肥沃土地为佳。

02 凌霄

花期：5~8 月　　　　　果期：11 月

光照：阳光充足　　　　树高：1~3m

水分：稍微湿润　　　　地域：南北区域

植物特色：攀援藤本植物，老干扭曲盘旋、苍劲古朴，花冠内面鲜红色，外面橙黄色，芳香味浓，观赏性好。喜光，也耐阴，喜温暖，也耐寒，在盐碱瘠薄的土壤中也能正常生长，但以深厚肥沃、排水良好的微酸性土壤为佳。

03 冬青

花期：4~6 月　　　　　果期：7~12 月

光照：阳光充足　　　　树高：2~4m

水分：稍微湿润　　　　地域：中部及南方

植物特色：常绿乔木，枝叶青翠油润，秋天结出红色果实，生长健康旺盛可修剪，观赏价值较高，是庭院中的优良观赏树种。喜温暖气候，有一定耐寒力，适宜种植在湿润半阴之地，在一般土壤中也能生长良好，对环境要求不严格。

珍珠梅 04

花期：7~8 月 　　　　果期：9 月

光照：阳光适当 　　　树高：1~2m

水分：稍微湿润 　　　地域：北方

植物特色： 多年生落叶灌木，树姿秀丽，花蕾白亮如珍珠，花形似梅花，观赏性好。喜光，亦耐阴，耐寒，耐瘠薄，喜湿润环境，忌积水，对土壤要求不严，在肥沃的沙质壤土中生长最好，也较耐盐碱土。

锦带花 05

花期：4~6 月 　　　　果期：10 月

光照：阳光适当 　　　树高：1~3m

水分：稍微湿润 　　　地域：北方

植物特色： 落叶灌木，花单生或成聚伞花序生于侧，枝叶茂密，花色艳丽，观赏性好，是华北地区主要的早春花灌木。喜光，耐阴，耐寒，对土壤要求不严，能耐瘠薄土壤，但以深厚、湿润而腐殖质丰富的土壤生长最好，怕水涝。

荚蒾 06

花期：5~6 月 　　　　果期：9~11 月

光照：阳光适当 　　　树高：1~3m

水分：稍微湿润 　　　地域：北方及中部

植物特色： 落叶灌木，叶片纸质，倒卵形，聚伞花序稠密，花冠白色，果红色可观赏。喜光，喜温暖湿润，耐阴，对土壤条件要求不严，宜栽植在微酸性肥沃土壤中，地栽、盆栽均可，管理较粗放。

垂丝卫矛 07

花期：4~6 月 　　　　果期：7~9 月

光照：阳光适当 　　　树高：2~4m

水分：稍微湿润 　　　地域：北方及中部

植物特色： 落叶灌木，初夏花开淡绿色，花柄上悬挂花和果实，秋天结出球形果实，有红色假种皮可供观赏。喜光，稍耐阴，耐干旱、瘠薄和寒冷，对气候和土壤适用性强，萌芽力强，耐修剪。

08 紫叶小檗

花期：4~6 月   果期：7~10 月

光照：阳光充足   树高：2~4m

水分：稍微湿润   地域：北方及中部

植物特色：落叶灌木，春季开小黄花，入秋则叶色变红，果熟后亦红艳美丽，是良好的观果、观叶和刺篱材料。喜凉爽湿润环境，耐寒也耐旱，喜阳也耐阴，萌蘖性强，耐修剪，对各种土壤都能适应，在肥沃深厚排水良好的土壤中生长更佳。

09 月季

花期：4~9 月   果期：6~11 月

光照：阳光充足   树高：1~2m

水分：稍微湿润   地域：北方及中部

植物特色：常绿、半常绿低矮灌木，四季开花，品种繁多，花色丰富艳丽，有单色、混色等，被广泛应用种植。喜温暖、日照充足、空气流通的环境，以疏松、肥沃、富含有机质、微酸性、排水良好的壤土较为适宜。

10 蔷薇

花期：4~9 月   果期：6~11 月

光照：阳光充足   树高：1~3m

水分：稍微湿润   地域：北方及中部

植物特色：直立或藤本灌木，花形较大，单瓣或重瓣，多数簇生于梢头，变种、品种很多，造型优美、温柔、浪漫。喜阳光，耐半阴，较耐寒，对土壤要求不严，耐干旱，耐瘠薄，宜栽植在土层深厚、疏松、肥沃湿润而又排水通畅的土壤中。

11 小叶黄杨

花期：3 月   果期：5~6 月

光照：阳光适当   树高：0.5~1m

水分：稍微湿润   地域：南北区域

植物特色：常绿灌木，生长低矮，枝条密集，常用作花坛、绿篱、花境背景等。性喜温暖、半阴、湿润气候，耐旱、耐寒、耐修剪，对土壤要求不严格，沙土、壤土、褐土地都能种植。

火棘 12

花期：3~5 月　　　　果期：8~11 月

光照：阳光充足　　　　树高：1~3m

水分：稍微干燥　　　　地域：南北区域

植物特色：常绿灌木，叶片油绿倒卵形，春季开白色伞房花序，秋季果实橘红色或深红色，观赏性很强。喜强光，耐贫瘠，抗干旱，耐寒，以排水良好、湿润、疏松的中性或微酸性壤土为好。

忍冬 13

花期：4~6 月　　　　果期：10~11 月

光照：阳光充足　　　　树高：1~3m

水分：稍微湿润　　　　地域：南北区域

植物特色：多年生半常绿缠绕灌木，叶纸质，卵形至矩圆状卵形，花蕾肥大，半金半白，又名金银花。适应性很强，对土壤和气候的选择并不严格，以土层较厚的沙质壤土为最佳。

爬山虎 14

花期：5~8 月　　　　果期：9~10 月

光照：喜阴凉　　　　树高：1~3m

水分：喜湿润　　　　地域：南北区域

植物特色：喜阴湿，耐旱，耐寒，怕积水，对气候、土壤的适应能力很强，在阴湿、肥沃的土壤上生长最佳，对土壤酸碱适应范围较大，但以排水良好的沙质土或壤土为最适宜，生长较快，也耐瘠薄。

紫藤 15

花期：4~5 月　　　　果期：5~8 月

光照：阳光适当　　　　树高：2~5m

水分：稍微湿润　　　　地域：南北区域

植物特色：落叶攀援缠绕性大藤本植物，茎左旋，枝较粗壮，嫩枝被白色柔毛，总状花序淡紫色或深紫色，姿态优美，饶有韵致，花开时节如紫色瀑布，观赏性强。喜光、耐阴、较耐寒，强直根性植物，侧根少，不择土壤，忌过度潮湿。

16 紫荆

花期：3~4 月　　**果期：**8~10 月

光照：阳光充足　　**树高：**2~4m

水分：稍微干燥　　**地域：**南北区域

植物特色：丛生或单生灌木，花紫红色或粉红色，2~10 余朵成束，簇生于老枝和主干上，先于叶开放，荚果扁狭长形，可观赏。暖带植物，喜光，稍耐阴，较耐寒，喜肥沃、排水良好的土壤，不耐湿，萌芽力强，耐修剪。

17 棣棠

花期：4~5 月　　**果期：**7~8 月

光照：阳光充足　　**树高：**1~2m

水分：稍微湿润　　**地域：**中部及南方

植物特色：落叶丛生小灌木，枝条终年绿色，花金黄色，非常绚丽，观赏性强。喜温暖气候，耐寒性和耐旱性较弱，故在北方宜选背风向阳处栽植，对土壤要求不严格。

18 麻叶绣线菊

花期：4~5 月　　**果期：**7~9 月

光照：阳光充足　　**树高：**1~3m

水分：稍微干燥　　**地域：**中部及南方

植物特色：落叶灌木，枝条细长且萌孽性强，伞房花序聚白色花朵，花期长。喜温暖和阳光充足的环境，稍耐寒、耐阴，较耐干旱，忌湿涝，分蘖力强，以肥沃、疏松和排水良好的沙壤土为宜。

19 木槿

花期：7~10 月　　**果期：**9~10 月

光照：阳光充足　　**树高：**2~4m

水分：稍微湿润　　**地域：**中部及南方

植物特色：落叶灌木，小枝密被黄色星状绒毛，花朵有纯白、淡粉红、淡紫、紫红色，花形呈钟状，有单瓣、复瓣、重瓣几种。喜光和温暖潮润的气候，稍耐阴，对环境的适应性很强，萌蘖性强，较耐干旱和贫瘠，耐修剪，对土壤要求不严，在重黏土中也能生长。

醉鱼草 20

花期：4~10 月　　　　果期：8 月至翌年 4 月

光照：阳光充足　　　　株高：1~3m

水分：适当干燥　　　　地域：南方

植物特色：落叶灌木，枝叶密集，生长迅速，穗状聚伞花序，开紫色花，花期长，群体观赏效果好。喜向阳的生长环境，干燥土壤，怕水淹，萌芽力强，耐修剪，宜在地势高燥、无积水、疏松肥沃的半沙质土壤中生长。

芭蕉 21

花期：2~4 月　　　　果期：6~8 月

光照：阳光充足　　　　树高：2~4m

水分：稍微湿润　　　　地域：南方

植物特色：多年生草本植物，叶片长圆形，先端钝，叶面鲜绿色，有光泽，观赏性好。喜温暖、湿润、阳光充足的生长环境，宜栽植在土层深厚，疏松肥沃，排水良好的沙壤土中。

石楠 22

花期：4~5 月　　　　果期：10 月

光照：阳光充足　　　　树高：3~5m

水分：较湿润　　　　地域：中部及南方

植物特色：常绿灌木或中型乔木，树冠圆形，叶丛浓密，叶片革质，春天开白色小花，嫩叶红色，冬季结红色果实，是常见的栽培树种。喜温暖湿润的气候，抗寒力不强，喜光、耐阴，对土壤要求不严，萌芽力强、耐修剪。

23　山茶

花期：1~4 月　　　　果期：10 月

光照：半阴环境　　　　树高：2~5m

水分：较湿润　　　　　地域：中部及南方

植物特色：灌木或小乔木，叶子革质深绿发亮，花色品种繁多，多为重瓣红色、淡红色、白色，花开艳丽。喜温暖、湿润和半阴环境，怕高温，宜于散射光下生长，忌烈日，宜用肥沃疏松、微酸性的壤土或腐叶土。

24　绣球

花期：6~8 月　　　　果期：9~11 月

光照：半阴环境　　　　树高：1~4m

水分：稍微湿润　　　　地域：中部及南方

植物特色：绣球花形丰满，大而美丽，花色丰富有红、粉、蓝、紫等多种颜色，令人悦目怡神，是长江流域著名的观赏植物。喜温暖、湿润和半阴环境，忌阳光暴晒，土壤以疏松、肥沃和排水良好的沙质壤土为好。

25　凤尾竹

花期：5~6 月　　　　果期：7~9 月

光照：半阴环境　　　　树高：2~5m

水分：稍微湿润　　　　地域：中部及南方

植物特色：常绿丛生灌木，枝叶秀丽，常用于点缀。喜温暖湿润和半通风、半阴环境，耐寒性稍差，不耐强光暴晒，怕渍水，宜肥沃、疏松和排水良好的酸性、微酸性或中性土壤，忌粘重、碱性土壤。

杜鹃 `26`

花期：4~5 月　　**果期**：6~8 月

光照：阳光适当　　**树高**：2~5m

水分：较湿润　　**地域**：南方

植物特色：落叶灌木，分枝多而纤细，叶革质浓密，花色繁茂艳丽，花型单瓣、重瓣和套瓣，有圆、光、软硬、波浪状和皱曲形状等。喜凉爽、湿润、通风的半阴环境，既怕酷热又怕严寒，夏季要防晒，冬季要保暖，适宜酸性土，忌烈日暴晒，适宜在光照强度不大的散射光下生长。

蜡梅 `27`

花期：11 月到翌年 3 月　　**果期**：4~11 月

光照：阳光充足　　**树高**：2~4m

水分：稍微干燥　　**地域**：中部及南方

植物特色：落叶灌木，先花后叶，花芳香美丽，有黄色、白色、红色，是良好的冬季观赏植物。喜光，稍耐阴，具有一定耐寒性，较耐旱，不耐水淹，忌水湿，忌黏土和盐碱土，喜肥沃、疏松、湿润、排水良好的中性或微酸性沙质壤土。

三角梅 `28`

花期：11 月至翌年 6 月　　**果期**：9~10 月

光照：阳光充足　　**树高**：1~3m

水分：稍微湿润　　**地域**：中部及南方

植物特色：常绿攀援状灌木，叶片纸质，紫色或洋红色，鲜艳夺目，极好的观赏性。喜湿、怕积水，耐高温、干旱，忌寒冻，喜肥，抗贫瘠能力强，在稍偏酸性或稍偏碱性土壤上均可正常生长。

29 迷迭香

花期：11 月　　　果期：无

光照：阳光充足　　株高：1~2m

水分：稍微干燥　　地域：中部及南方

植物特色：常绿匍匐型灌木，茎、叶和花具有宜人的芳香，是优美的庭院闻香植物。喜阳光充足的生长环境，喜温暖气候、稍微湿润，也较耐旱，宜种植在疏松肥沃的、透水透气的沙质土壤中。

30 平枝荀子

花期：5~6 月　　　果期：9~10 月

光照：半阴环境　　树高：0.2~0.6m

水分：稍微湿润　　地域：中部及南方

植物特色：落叶或半常绿匍匐灌木，树枝水平张开呈整齐两列状，常用作低矮花境种植。喜温暖湿润或半干燥的气候环境，耐瘠薄的土地，不耐湿热，有一定的耐寒性，怕积水。

31 红花檵木

花期：4~5 月　　　果期：6~8 月

光照：阳光适当　　树高：2~5m

水分：较湿润　　　地域：南方

植物特色：常绿灌木或小乔木，枝繁叶茂，姿态优美，新叶鲜红色，花开时节，满树紫红色花，极具观赏性。喜光、喜温暖、耐寒、耐旱，过阴时叶色容易变绿，萌芽力和发枝力强，耐修剪，适宜在肥沃、湿润的微酸性土壤中生长。

32 海桐

花期：3~5 月　　　果期：9~10 月

光照：阳光适当　　树高：2~6m

水分：稍微湿润　　地域：南方

植物特色：常绿灌木或小乔木，叶革质，深绿发亮，早春开白花，后变为黄色，分枝能力强，耐修剪，常修剪为球形，是常见的中层植物。喜光，也耐半阴，较抗旱，能抗风防潮，喜温暖湿润气候和肥沃土壤，耐轻微盐碱。

设计花境层次：
多姿多彩的林下群落

　　植物花境是确定主景树和中层植物之后，最后考虑的种植植物，通常在树下、设计地块及植物空隙中填栽植物花境，主要作为填充性植物存在。其特点不突出，却草叶繁茂，能够撑起林下充盈的体量，为主景树、中层植物提供地被背景。

一、什么是植物花境

　　庭院中位于低矮、贴近地面位置的草花，常位于主景树、中层植物林下，作为补充性植物组织的存在，高度通常低于1米，具有良好观赏性的地被植物类组群就是植物花境。

　　花境植物最明显的特点就是低矮、匍匐，能做主景树和中层植物的地面背景，是柔软美观的地面衬托植物景观。贴近水面生长的水生植物和水草类植物也并入其中。

▲ 贴近地面生长的植物草花，丰富了近地面的景观空间　　▲ 高低错落的植物花境，塑造了丰富美丽的林下空间

一年生草本热烈的金盏花

一年生肉质草本大花马齿苋

二、植物花境的选择

1. 一年或二年生草本植物

一年或二年生草本植物指在一二年内完成发芽、开花、结果、再次播种整个生命周期，最后凋零的草本植物。其花色通常艳丽醒目，仿佛将所有的力气都用完，这类植物常常能赋予庭院夺目的观景感受。种植这类植物时，可以根据喜好，每年更换喜爱的品种。

2. 宿根草本和花卉

宿根草本和花卉又称为多年生草本植物，相较于一年或二年生草本植物，其地上部分能越冬或者根部能在土壤里越冬，是能够连续存活生长很多年的草本花卉植物。一旦选择了合适的宿根植物，就能连续几年欣赏到植物茁壮发芽、肆意生长的姿态。

花色妍丽的多年生草本芍药

紫色的多年生常绿草本矾根

▲ 模拟自然生长的植物花境，植物错落有致，色彩丰富明媚，生长良好

三、植物花境的种植方式

1. 主要运用片植

片植即较大面积成片栽植的种植方式，小庭院草本植物的片植并非等距散植，而是模仿营造植物群体自然生长的景象。片植也要注意个体之间的联系和差异，但相较于丛植，更具有野生的自然之美。因此，在小庭院中，只要模拟自然生长的花境组织就可以了。

2. 建立良好比例

花境的设计还要考虑到周围的环境，尤其是接近地面的环境，花境的形状与主景树、中层植物和地面铺装建立一定的比例关系，从视觉上形成和谐、合宜的画面感。比如，如果花境过大，而地面砖尺寸较小，植物组团就会形成厚重感。

▲ 花境植物与地面铺装形成良好的比例关系，不至于太大，使地面显得狭窄，也不至于太小，造成地面裸露，比例适宜能使空间和谐而丰满

3. 灵活运用盆栽

花境中可增加盆栽做灵活地增减设计。例如，增减花色，修改花境形状，增减密集程度，修饰庭院角落等。只要巧妙地处理好植物素材之间的关系，营造美丽合适的花境就变得很容易。

▲ 贴近植物生长环境的朴素的盆栽样式，能够更容易地参与花境置换和设计，而且会自带美感

/ 常见小庭院花境植物 24 种 /

蓝羊茅 01

花期：6~9 月　　　　果期：9~10 月

光照：阳光充足　　　　株高：20~60cm

水分：稍微干燥　　　　地域：北方

植物特色：常绿冷季型观赏草本植物，柔软的针状叶子，夏季为银蓝色，冬季为蓝绿色，优美蓬松可观赏。喜光，耐寒，耐旱，耐贫瘠，在中性或弱酸性疏松土壤中长势最好，稍耐盐碱，忌低洼积水。

矾根 02

花期：4~6 月　　　　果期：8~10 月

光照：阳光充足　　　　株高：10~50cm

水分：稍微湿润　　　　地域：北方

植物特色：多年生常绿草本花卉，浅根性，叶阔心形，叶色丰富，在温暖地区常绿，是优美的庭院观赏草本植物。性耐寒，喜阳光，也耐半阴，在排水良好、富含腐殖质的肥沃土壤中生长良好。

薰衣草 03

花期：6~7 月　　　　果期：8~9 月

光照：阳光充足　　　　株高：50~120cm

水分：稍微干燥　　　　地域：北方

植物特色：半灌木或矮灌木，蓝紫色穗状花序，全株略带木头甜味的清淡香气，是良好的香草类庭院植物。喜光、喜干燥，具有很强的适应性，成年植株既耐低温又耐高温，喜土层深厚、疏松、透气良好且富含硅钙质的肥沃土壤。

绵毛水苏 04

花期：7~9 月　　　　果期：11 月到翌年 3 月

光照：阳光充足　　　　株高：30~70cm

水分：稍微湿润　　　　地域：北方及中部

植物特色：多年生草本，叶两面均密被灰白色丝状绵毛，呈现银灰色，常作为有色观赏植物栽培于庭院花圃中。喜光、耐寒、耐旱、不耐湿，适宜生长在排水良好的沙质土壤中。

05　大花葱

花期：5~6 月　　　　果期：6~7 月

光照：阳光充足　　　株高：20~50cm

水分：稍微干燥　　　地域：北方及中部

植物特色：多年生草本，花葶从鳞茎基部长出，花色紫红，色彩艳丽，可可爱爱，具有良好的观赏性。喜凉爽、阳光充足的环境，忌湿热多雨，忌连作、半阴、积水，宜栽植在疏松肥沃的沙壤土中。

06　金盏花

花期：4~9 月　　　　果期：6~10 月

光照：阳光适当　　　株高：20~70cm

水分：稍微湿润　　　地域：北方及中部

植物特色：一年生草本，有黄、橙、橙红、白等花色，有重瓣、卷瓣和绿心、深紫色心等品种，花叶可赏可食，是良好的庭院植物。喜耐寒，怕热，喜阳光充足环境或轻微的荫蔽，宜栽植在疏松、排水良好、肥沃适度的土壤中。

07　松果菊

花期：6~9 月　　　　果期：9~10 月

光照：阳光充足　　　株高：50~150cm

水分：稍微湿润　　　地域：北方及中部

植物特色：多年生草本植物，头状花序，单生或多数聚生于枝顶，花色鲜艳多样，像小松果的外形惹人喜爱。喜光照充足、温暖的气候条件，性强健，耐寒，耐干旱，对土壤的要求不严，适宜在深厚、肥沃、富含腐殖质的土壤中生长。

08　艾蒿

花期：7~10 月　　　果期：7~10 月

光照：阳光充足　　　株高：80~150cm

水分：稍微湿润　　　地域：北方及中部

植物特色：多年生草本或略成半灌木状，植株有浓烈香气。喜阳光、耐干旱、较耐寒，对土壤条件要求不严，但以阳光充足、土层深厚、土壤通透性好、有机质丰富的中性土壤为佳，肥沃、松润、排水良好的砂壤及黏壤土生长良好。

千屈菜 09

花期：7~9 月　　果期：10 月

光照：阳光充足　　株高：30~100cm

水分：喜湿润　　地域：南北区域

植物特色：多年生草本，株丛整齐，耸立而清秀，夏季开紫红色花，花朵繁茂，可观赏性好，是良好的水岸丛植植物。喜光，耐寒性强，喜水湿，对土壤要求不严，在深厚、富含腐殖质的土壤上生长更好。

睡莲 10

花期：6~8 月　　果期：8~10 月

光照：阳光充足　　株高：40~150cm

水分：喜湿润　　地域：南北区域

植物特色：多年生浮叶型水生草本植物，夏季开花，花色绚丽多彩，花姿楚楚动人，是优美的水生景观植物。喜阳光充足、温暖潮湿、通风良好的环境，水深不宜超过 80cm，宜栽植在中性富含有机质的壤土中。

金边吊兰 11

花期：6~8 月　　果期：8 月

光照：适当阳光　　株高：20~30cm

水分：稍微湿润　　地域：南北区域

植物特色：多年生常绿草本，叶片呈宽线形，嫩绿色，叶边缘金黄色，常用于悬挂植物景观。喜温暖湿润的半阴环境，叶片对光照反应特别灵敏，忌夏季阳光直射，喜充足水分，有一定的耐寒能力，喜疏松肥沃的土壤。

玉簪 12

花期：8~10 月　　果期：8~10 月

光照：喜阴凉　　株高：40~80cm

水分：喜湿润　　地域：南北区域

植物特色：百合科，玉簪属多年生宿根植物，有美丽的观赏叶片，秋季开白色漏斗状花朵。耐寒冷，喜阴湿环境，不耐强烈日光照射，具有较高的观赏效果，常种植于湿地及水岸边、林荫下。

13 碧冬茄

花期：6~10 月　　　果期：8~10 月

光照：阳光充足　　　株高：30~60cm

水分：喜湿润　　　　地域：南北区域

植物特色：又称矮牵牛，一年生草本，花期长，开花多，花色艳丽多彩，有白、红、紫、蓝及复色等，观赏效果极佳。栽培管理比较容易，对水肥和土壤的要求不高，宜用疏松肥沃和排水良好的沙壤土。

14 唐菖蒲

花期：6~9 月　　　果期：8~10 月

光照：阳光充足　　　株高：50~80cm

水分：喜湿润　　　　地域：南北区域

植物特色：多年生草本，球茎扁圆球形，花茎直立，夏季开花，有红、黄、白或粉红等色。喜欢温暖、湿润、阳光充足、通风良好的生长环境，宜种植在土层深厚、疏松肥沃、排水良好的微酸性沙壤土中，属于长日照植物。

16 美人蕉

花期：3~10 月　　　果期：6~12 月

光照：阳光充足　　　株高：80~150cm

水分：喜湿润　　　　地域：南北区域

植物特色：多年生宿根草本植物，植株较高，花朵大而艳丽，长栽植于水边观赏。喜温暖和充足的阳光，不耐寒，稍耐水湿，不耐寒，怕强风和霜冻。对土壤要求不严，能耐瘠薄，在肥沃、湿润、排水良好的土壤中生长良好。

16 银叶菊

花期：6~9 月　　　果期：7~10 月

光照：阳光充足　　　株高：30~60cm

水分：稍微湿润　　　地域：中部及南方

植物特色：多年生常绿草本植物，也可作一年或二年生栽培，全株被白色绒毛，叶片如雪花图案，观赏性好。喜凉爽湿润，阳光充足的气候，宜栽植在疏松肥沃的沙质土壤和富有机质的黏质土壤中。

鸢尾 17

花期：4~5月　　　　　果期：6~8月

光照：阳光充足　　　　株高：30~60cm

水分：喜湿润　　　　　地域：中部及南方

植物特色：多年生草本，叶片碧绿青翠，花瓣形如鸢鸟尾巴，主要花色为蓝紫色，具有观赏性。喜阳光充足，气候凉爽，耐寒力强，亦耐半阴环境，喜湿而不耐涝，宜种植在排水良好、含石灰质和微碱性的黏性土壤中。

虞美人 18

花期：3~8月　　　　　果期：5~8月

光照：阳光充足　　　　株高：25~90cm

水分：稍微湿润　　　　地域：中部及南方

植物特色：一年生草本植物，花多彩丰富、开花时薄薄的花瓣质薄轻盈，颇为美观。喜阳光充足，通风良好的生长环境，耐寒，怕热，不耐移栽，忌连作与积水，宜栽植在排水良好、肥沃的沙壤土中。

石莲 19

花期：7~9月　　　　　果期：8~10月

光照：阳光充足　　　　株高：5~15cm

水分：喜干燥　　　　　地域：中部及南方

植物特色：二年生草本，常见的多浆植物，叶片莲座状排列，肥厚如翠玉，状似池中莲花，品种多而形态优美，观赏价值高。喜光，耐旱，但惧怕烈日暴晒，耐寒性差，喜温暖干燥，怕积水，茎插、叶插均可易繁殖，喜欢在沙质土壤中生长，耐贫瘠。

紫萼 20

花期：6~7月　　　　　果期：7~9月

光照：喜阴凉　　　　　株高：60~100cm

水分：喜湿润　　　　　地域：南方

植物特色：百合科玉簪属多年生草本植物，有美丽的观赏叶片，夏季开紫色漏斗状花朵。喜欢阴湿环境，常用作林下花境植物，耐寒冷，喜肥沃的壤土。

21 萱草

花期：5~7 月　　　　**果期**：5~7 月

光照：阳光充足　　　**株高**：60~100cm

水分：适当湿润　　　**地域**：南方

植物特色：多年生宿根草本，花早开晚谢，橘红色至橘黄色，花色艳丽，花姿优美，可供观赏。喜光，耐半阴，性强健，耐寒，耐干旱，不择土壤，在深厚、肥沃、湿润、排水良好的沙质土壤上生长良好。

22 蓝花鼠尾草

花期：4~10 月　　　**果期**：8~10 月

光照：阳光充足　　　**株高**：30~60cm

水分：适当湿润　　　**地域**：南方

植物特色：多年生草本植物，轮伞花序，花期长，花色为蓝色、淡蓝色、淡紫色，观赏性好。喜光照充足和湿润环境，耐旱性好，耐寒性较强，怕炎热、干燥，适宜种植在排水良好的沙质壤土或土质深厚的壤土中。

23 肾蕨

花期：5~8 月　　　　**果期**：7~9 月

光照：喜阴凉　　　　**株高**：50~150cm

水分：喜湿润　　　　**地域**：南方

植物特色：附生或土生植物，叶簇生舒展，喜温暖潮湿的环境，不耐寒，自然萌发力强，喜半阴，忌强光直射，对土壤要求不严，以疏松、肥沃、透气、富含腐殖质的中性或微酸性沙壤土生长为佳。

24 铁线莲

花期：1~2 月、6~9 月　　**果期**：3~4 月、9~10 月

光照：阳光充足　　　**株高**：50~200cm

水分：稍微湿润　　　**地域**：南方

植物特色：落叶或常绿草质藤本，随着品种不同，花期从早春到晚秋，花色丰富，可供观赏。喜阳光充足、温暖湿润的生长环境，也较耐寒，喜肥沃、排水良好的碱性壤土，忌积水或夏季干旱而不能保水的土壤。

小庭院种植搭配技巧

小庭院植物按照由低到高可以分为四类：地被植物（草花花境）、中层植物（中小型灌木）、藤本植物（攀援类植物）、主景树（乔木和大型灌木）。在进行组合设计时，每类植物作为一级类型，通常选用二级或三级搭配，不建议将四级植物同时布置，会显得各类型植物组团主次不清，也会造成拥挤。

同时，注意植物开花时序和色彩的搭配，可参考第一章中的庭院色彩搭配。

常见的植物搭配方式如下：

▲ 主景树＋中层植物，二级植物搭配

▲ 主景树＋地被植物，二级植物搭配　　　　▲ 中层植物＋地被植物，二级植物搭配

▲ 主景树 + 中层植物 + 地被植物，三级植物搭配

▲ 藤本植物 + 中层植物 + 地被植物，三级植物搭配

▲ 藤本植物 + 地被植物，二级植物搭配

▲ 果蔬园作为特殊的景观庭院，为了保障果实良好的生长和方便采摘，植物可多排、并排种植，这样庭院整体景观既有整齐的秩序感，又不失设计和层次的美感

蔬菜园的景观作用：
跻身亮丽的风景线

　　作为最特殊的绿植，果蔬不仅有食用功能，还具有良好的景观作用。只要搭配设计得当，创造心仪的果蔬菜园，种植丰富的果树、蔬菜、香草等，能够兼具观赏和收获的乐趣。果蔬的种植主要用露地的方法，同景观花卉一样，蔬菜盆景可作为灵活补充。

/ 常见小庭院果蔬植物 32 种 /

苹果 `01`

花期：4~5 月	果期：7~10 月
光照：阳光充足	树高：3~10m
水分：稍微干燥	地域：北方

植物特色：落叶乔木，春季开白花，秋季结果可观赏，为常见景观果树。喜光，能适应大多数的气候，抗霜冻，喜微酸性到中性土壤，适于土层深厚、富含有机质、通气排水良好的沙质土壤。

青椒 `02`

花期：2~4 月	果期：6~7 月
光照：阳光适当	株高：40~60cm
水分：稍微湿润	地域：北方

植物特色：一年生或多年生草本植物，对光照要求不严，光照强度要求中等，喜湿润，怕旱涝，要求土壤湿润而不积水，以潮湿易渗水的沙壤土为好，土壤的酸碱度以中性为宜，微酸性也可。

山桃 `03`

花期：3~4 月	果期：7~8 月
光照：阳光充足	树高：3~8m
水分：稍微干燥	地域：北方及中部

植物特色：落叶乔木，树皮光滑暗紫色，初春开花，烂漫美丽，秋季果实累累，群植、孤植观赏效果都很好。抗旱耐寒，又耐盐碱土壤，宜种植在排水良好、较肥沃的沙壤土或轻壤土中。

04　青萝卜

花期：9~10 月　　　　果期：10~11 月

光照：阳光充足　　　　株高：30~60cm

水分：稍微湿润　　　　地域：北方

植物特色：一年或二年生草本植物，肉质根茎可食用，叶子婆娑青翠，具有观赏性。喜光，喜冷凉、湿润的环境，较耐寒，忌水涝，宜栽植在土层深厚、富含有机质、保水和排水良好、疏松肥沃的砂壤土中。

05　小白菜

花期：4~5 月　　　　果期：5~6 月

光照：阳光适当　　　　株高：15~25cm

水分：稍微湿润　　　　地域：南北区域

植物特色：一年或二年生草本植物，喜光，但不耐高温和强光，喜温暖湿润环境，对土壤要求较高，适于在疏松、肥沃、富含有机质、保水保肥能力强的壤土或沙壤土中栽培。

06　枣树

花期：5~7 月　　　　果期：8~9 月

光照：阳光充足　　　　树高：3~8m

水分：稍微湿润　　　　地域：南北区域

植物特色：落叶小乔木，稀灌木，春季开黄绿色小花，秋季结果，由绿转红可观赏。

07　散叶莴苣

花期：2~9 月　　　　果期：2~9 月

光照：阳光适当　　　　株高：20~40cm

水分：稍微湿润　　　　地域：南北区域

植物特色：耐寒性蔬菜，叶大饱满宽阔，具有观赏性。喜冷凉气候，不耐高温，喜昼夜温差大，开花结实要求较高温度，喜微酸性土壤。

山楂 08

花期：5~6 月　　　　　果期：9~10 月

光照：阳光适当　　　　树高：3~6m

水分：稍微干燥　　　　地域：北方及中部

植物特色：落叶乔木，叶片宽卵形或三角状卵形，秋季结红果，俏皮可爱，适宜观赏。喜光也能耐阴，适应性强，喜凉爽、湿润的环境，既耐寒又耐高温，耐旱，对土壤要求不严格，宜种植在土层深厚、质地肥沃、疏松、排水良好的微酸性沙壤土中。

草莓 09

花期：4~5 月　　　　　果期：6~7 月

光照：阳光充足　　　　株高：10~40cm

水分：稍微湿润　　　　地域：南北区域

植物特色：多年生草本植物，叶青葱可爱，开小白花，夏季结红色水滴形果实，味美可观赏。喜光，又有较强的耐阴性，根系分布浅、蒸腾量大，喜湿润环境但不耐涝，要求土壤有良好通透性，宜生长于肥沃、疏松中性或微酸性壤土中。

柿子 10

花期：5~6 月　　　　　果期：9~10 月

光照：阳光充足　　　　树高：3~10m

水分：稍微湿润　　　　地域：南北区域

植物特色：落叶乔木，叶纸质，卵状椭圆形至倒卵形，夏初开花，秋季结果，柿子嫩时绿色，渐变至橙红色或大红色，可观赏。喜温暖气候，充足阳光和深厚、肥沃、湿润、排水良好的土壤，适生于中性土壤，较能耐寒、耐瘠薄，抗旱性强，不耐盐碱土。

11　番茄

花期：3~4 月　　果期：6~8 月

光照：阳光充足　　株高：60~200cm

水分：稍微湿润　　地域：南北区域

植物特色： 一年生或多年生草本植物，全体生黏质腺毛，有强烈气味，夏秋季节结红色果实，观赏性好。喜光，喜湿润，对土壤条件要求不太严苛，土壤酸碱度以 pH6-7 为宜，在土层深厚、排水良好、富含有机质的肥沃壤土生长良好。

12　葡萄

花期：4~5 月　　果期：8~9 月

光照：阳光充足　　株高：1~2m

水分：稍微湿润　　地域：南北区域

植物特色： 木质藤本植物，可攀援，果实球形倒挂在枝条上，观赏效果好，葡萄可为室外起到美化、遮阳作用。喜光，阳光直照，对生长非常有利，生长期喜水，能促进新梢生长、果实发育，忌积水。对土壤要求不高，因壤土漏水漏肥，宜选用土质疏松的沙质壤土，在其中混合一部分黏土，种植效果是最好的。

13　蓝莓

花期：3~5 月　　果期：7~9 月

光照：阳光充足　　株高：30~100cm

水分：稍微湿润　　地域：北方及中部

植物特色： 多年生低灌木，灌木丛生，树体大小及形态差异显著，夏秋季节结蓝色球形果实，可爱喜人可观赏。喜光，喜疏松肥沃偏酸性的土壤，浇水见干见湿、少量多次，施肥时薄肥勤施即可。

紫叶李 14

花期：4 月 **果期**：8 月

光照：阳光充足 **树高**：2~8m

水分：稍微湿润 **地域**：北方及中部

植物特色：落叶小乔木或灌木，整个生长季节都为紫红色，著名观叶树种。喜阳光、温暖湿润气候，有一定的抗旱能力，对土壤适应性强，不耐干旱，较耐水湿，但在肥沃、深厚、排水良好的黏质中性、酸性土壤中生长良好，不耐碱。

大青叶 15

花期：4~5 月 **果期**：5~6 月

光照：阳光充足 **株高**：40~90cm

水分：稍微湿润 **地域**：北方及中部

植物特色：二年生草本，对环境要求不严，喜光、喜温和、湿润，耐寒，怕涝，耐瘠薄、耐干旱，对土壤要求不严格，肥沃的沙质壤土为宜，低洼积水地不宜种植。

薄荷 16

花期：7~9 月 **果期**：10 月

光照：阳光充足 **树高**：30~60cm

水分：稍微湿润 **地域**：南北区域

植物特色：多年生草本，整株具有薄荷清香，可食用可入药，清新自然，具有良好的景观效果。喜光，长日照作物，较喜欢湿润的环境，能耐低温，对土壤要求不严，除了过酸和过碱的土壤外都能栽培，以沙质土壤为宜。

樱桃 17

花期：3~5 月 **果期**：5~9 月

光照：阳光充足 **树高**：2~6m

水分：稍微湿润 **地域**：北方及中部

植物特色：落叶小乔木或灌木，春天开白色或淡粉色花，夏季结卵球形红色果实，观赏性好。喜湿，但也怕涝怕旱，喜光，休眠的樱桃不需要光照，适宜生长在中性环境中，在土层深厚、土质疏松、通气良好的沙壤土中生长较好。

18　黄瓜

花期：6~7 月　　果期：6~8 月

光照：阳光充足　　株高：60~150cm

水分：喜湿润　　地域：南北区域

植物特色：一年生蔓生或攀援草本植物，夏季开黄色小花，顶花带刺结长圆形或圆柱形果实，藤架可观赏。喜温暖，不耐寒冷，为中性日照植物，产量高，需水量大，喜湿而不耐涝、喜肥而不耐肥，宜选择富含有机质的肥沃土壤。

19　油菜

花期：3~4 月　　果期：4~5 月

光照：阳光适当　　株高：30~50cm

水分：喜湿润　　地域：中部及南方

植物特色：一年或二年生草本，较低矮，具有地被植物的观赏效果。喜光，不耐阴，一般不适合在阴凉的地方种植，喜水湿，但不耐涝，宜栽植在肥沃湿润，微酸性的土壤中。

20　苦菊

花期：6~7 月　　果期：7~10 月

光照：阳光适当　　株高：10~30cm

水分：稍微湿润　　地域：南北区域

植物特色：一年生或二年生草本，叶全裂或不裂，有锯齿，具有良好的地被植物观赏性。喜光，但比较怕晒，更喜欢冷凉气候，具有一定的耐阴性，喜湿润的环境，喜肥、不耐干旱、较耐寒，适宜种植在潮湿、肥沃而疏松的酸性沙土中。

21　石榴

花期：5~7 月　　果期：9~10 月

光照：阳光充足　　树高：2~7m

水分：稍微湿润　　地域：中部及南方

植物特色：落叶乔木或灌木，花大色艳，花期长，果实大而色泽艳丽，既能赏花，又可观果、食果，深受人们喜爱。喜光、有一定耐寒力，喜湿润，较耐瘠薄和干旱，怕水涝，宜种植在土层深厚、排水良好的沙壤土或壤土中。

空心菜 22

花期：4~6 月　　　　　　果期：5~7 月

光照：阳光充足　　　　　株高：30cm 左右

水分：喜湿润　　　　　　地域：中部及南方

植物特色：一年生草本，茎圆柱形，有节，节间中空，形似观赏草。喜光，喜温暖湿润气候，耐炎热，不耐寒和霜冻，喜水，在较高的空气湿度和土壤湿度下生长良好，肥沃疏松透气，pH6~pH8 的黏壤土为宜。

冬瓜 23

花期：5~6 月　　　　　　果期：6~8 月

光照：阳光充足　　　　　株高：1.2~1.8m

水分：稍微湿润　　　　　地域：中部及南方

植物特色：一年生蔓生或架生草本植物，叶大果大，作为中层植物，具有观赏性。喜温耐热、喜光、喜水、怕涝，不耐旱，对土壤要求不严格，沙壤土或枯壤土均可栽培，但需避免连作。

甘蓝 24

花期：4 月　　　　　　　果期：5 月

光照：阳光充足　　　　　株高：20~35cm

水分：稍微湿润　　　　　地域：南北区域

植物特色：二年生或多年生草本，被粉霜，基生叶质厚，层层包裹成球状体，扁球形，饱满棵大，具有观赏性。喜温和湿润、冷凉的气候，充足的光照，较耐寒，不耐炎热，宜选择土质肥沃、疏松、保水保肥，微酸性或中性土壤，也能耐轻度盐碱。

土豆 25

花期：2~3 月　　　　　　果期：3~4 月

光照：阳光充足　　　　　株高：30~50cm

水分：稍微湿润　　　　　地域：南北区域

植物特色：一年生草本植物，奇数羽状复叶，开白色或蓝紫色花，可观赏。喜光，喜冷凉，不耐高温，喜稍微湿润，怕干、怕渍，以表土层深厚，结构疏松，排水通气良好和富含有机质的土壤最为适宜。

26　秋葵

花期：5~9 月　　　　果期：8~11 月

光照：阳光充足　　　株高：80~150cm

水分：稍微湿润　　　地域：中部及南方

植物特色：一年生草本，株高较高，可作景观中层植物装点庭院。喜温暖、怕严寒，耐热力强，耐旱、耐湿，但不耐涝，对土壤适应性较广，不择地力，但以土层深厚、疏松肥沃、排水良好的壤土或沙壤土较宜。

27　葫芦

花期：6~7 月　　　　果期：7~9 月

光照：阳光充足　　　株高：1~3m

水分：稍微湿润　　　地域：中部及南方

植物特色：一年生攀援草本，秋天结果，果有棒状、瓢状、海豚状、壶状等，可观赏。喜温暖、湿润、阳光充足，不耐寒，也忌炎热，适宜在排水良好的微酸性土壤中生长，喜土杂肥。

28　紫苏

花期：8~11 月　　　　果期：8~12 月

光照：阳光充足　　　株高：20~60cm

水分：稍微湿润　　　地域：南北区域

植物特色：一年生草本植物，茎叶绿色或紫色，可食用可入药，具有良好观赏性。喜光，能耐高温，适宜生长在温暖湿润的环境，适应性强，对土壤要求不严，在排水较好的沙质壤土、壤土、黏土中均能良好生长。

29　香菜

花期：4~5 月　　　　果期：5~11 月

光照：阳光适当　　　株高：20~60cm

水分：稍微湿润　　　地域：南北区域

植物特色：一年生或二年生，有强烈清香气味的草本，具有类似地被植物的观赏性。喜光，但不耐强光，喜温暖湿润的环境，对土壤要求不严，但土壤结构好土质肥沃有机质量高，有利于香菜生长。

豆角 30

花期：5~8 月　　　　　　果期：6~9 月

光照：阳光充足　　　　　株高：60~150cm

水分：稍微湿润　　　　　地域：南北区域

植物特色： 一年生缠绕、草质藤本或近直立草本，夏季开花结果，荚果下垂，直立或斜展，线形。喜光，能耐高温，不耐霜冻，耐旱，但要求有适量的水分，适当的空气湿度和土壤湿度，以肥沃的壤土或沙质壤土为宜。

茄子 31

花期：6~8 月　　　　　　果期：6~8 月

光照：阳光充足　　　　　株高：60~120cm

水分：稍微湿润　　　　　地域：南北区域

植物特色： 直立分枝草本至亚灌木，叶大卵形至长圆状卵形，果的形状大小变异极大，长或圆形，颜色有白、红、紫等。喜高温，对光照时间和光照强度要求都较高，适合温暖湿润的环境，适于在富含有机质、保水保肥能力强的土壤中栽培。

甜橙 32

花期：3~5 月　　　　　　果期：10~12 月

光照：阳光充足　　　　　树高：1~3m

水分：稍微湿润　　　　　地域：南方

植物特色： 常绿乔木，叶通常比柚叶略小，花白色，秋天结橙红色球形果实，芳香可观赏。喜温暖湿润气候，宜种植在排水性能好、土层深厚、湿润，有机质含量高的微酸性土壤中。

第五章

利用立体景观
庭院 360° 巧变身

　　巧做立体景观，不仅能美化庭院立体空间，丰富庭院的景观范围，更能从视觉上扩展小庭院的使用面积。立体空间的特质是除了建造材料之外，由各结构体的设计，包括边界、内部立体景观、灵活单品设计，景观小品和家具的布置以及灯光氛围的渲染共同营造的。

高墙下的景观：
制作柔和边界线

　　现代都市小庭院往往具有高深的院墙，院墙越高，越容易引导视线向高处延伸，加大了庭院空间的纵深感，容易形成压抑、闭塞的空间感受。院墙的立体装饰有助于将视线拉回庭院之内，柔化庭院边界线，同时丰富庭院内景观效果。

一、以高墙的规模为标准

　　在小庭院中布景时，注意以墙体规模作为标准。如墙体高2.2m，可在庭院内设计2m见方的草坪、花坛或硬质铺地区域，能有效弱化高墙带来的束缚感。

▲ 水池长度和木地板长度与墙体高度相似，甚至略长，有效弱化了高墙的压抑感

二、在高墙上做装饰设计

在墙体上做装饰设计时，要考虑装饰物与墙体的比例。如墙体高2.2米，可在墙面钉2米长的装饰木条，里面栽种多肉植物或者装饰干花，也可以安装搁板摆放装饰性的小物件，从视觉上横向拉宽缩减墙高。

▲ 植物景观形成高墙下有矮墙的视错觉效果，从心理上弱化了高墙的束缚感

▲ 由大叶植物填满的景观壁挂，与高墙形成适宜的比例关系，弱化了墙体的高耸感

▲ 瘦高的竹丛遮挡了密实的高墙，从视觉上营造了矮墙的效果

▲ 高墙下的绿色植物将墙体截为两段，一段上白下绿，一段上绿下白，极大地弱化了高墙的束缚感

三、制作高墙下的二级矮墙

将高墙作为创作的天然背景板，建立高墙之下的矮墙（栅栏）。即在两道墙之间栽种植物，安置装饰物，植物隐隐约约地越过矮墙（栅栏）伸进院内，设计成美丽的景观。如果环境中原本就没有高墙，也没有安全隐患，可以直接在庭院周围设计成矮墙（栅栏）。

矮墙（栅栏）的形状最好设计成非连续、多变性、阶梯状、座椅区等灵活的形式，避免直接复制一圈高墙的形式，以免加重束缚感。

▲ 以高墙作为天然背景板，制作了二级矮墙，可以用来休闲和种植，缓解了高墙的束缚感

▲ 高墙与栅栏之间，种植了植物，植物隐隐约约地透过栅栏伸进院内

四、辅以墙面彩绘或喷涂

　　对墙面辅以彩绘或喷涂处理，将墙面涂成对比明显的颜色或者绘制有趣的画面，如涂画具有景深感的野外风景画，从视觉上延伸了庭院空间；在不适合植物生长的地方，涂画大叶植物画，营造绿意盎然的气氛，再或者涂画深蓝色的夜空，优美的花园，活泼的人物等，这种人工打造创意景观的方法，结合周围的环境条件，会使整体效果大幅提升。

▲ 墙绘壁画对于小花园十分应景，增加了空间纵深感

▲ 墙绘芭蕉叶作为背景，映衬了庭院景观，为白墙增彩

▲ 墙绘在攀援植物下方自然衔接描绘，攀援植物形成画中美丽女性的绿植花环，画面美观且充满创意

◀ 墙绘在墙底盆栽的上方自然衔接描绘，盆栽形成恰到好处的景观底色，画面和谐美观

五、利用攀援植物美化墙面

在墙体上暗暗地固定小楔子或者格子嵌板，有助于攀援植物、垂挂型植物生长攀附。攀援植物能够遮挡墙面不好看的地方，通过适当地修剪，可使植物形成某一种生长形状，以此达到装饰和美化墙面的目的。

▼ 利用攀援植物美化墙面，形成规则式绿篱一样的围栏，增加了庭院绿植面积，达到美观的效果

玲珑质朴秀丽：
石的组合表现

石材形态特征各不相同，组合方式千变万化，现代庭院石景相较于传统石景，具有更多挑战性和设计性。找到与环境协调的石材，以自然石材为基本材料，根据环境特点雕琢处理再进行组合，创造出功能完善并能传达一定意境的景观空间，是石景设计表现的主旨。

一、特置

特置石景又称为孤置、单置石景，也称孤赏石，是指单块山石布置成的独特的石景。通常选用整块体量较大，轮廓线突出，造型多变，色彩较为独特的石材，质地根据庭院整体风格和环境特色，可以从多种石材类型中选择，如湖石、黄石、青石等。

特置的山石常作为庭院入口的障景和对景；也可以作为庭院整体景观的构景中心，其比例要与环境合宜，如中式和日式小庭院中，孤置石常作为单独的构景中心伫立存在；也可以放置在某个视线集中的景点，如水边、漏窗后面、小品背景等，在自然风庭院中，常作为植物簇拥的对象。

特置山石布置的要点在于相石立意，也可以使用小块石组拼做成，以营造独特的造型或意境。

特置山石布景

二、对置

对置石景是指对称地布置两块山石，以陪衬环境，丰富景色的置石方式。对置石材也常选用体态较大的石头，在造型和色彩上相较于特置石要求更放松，石材大小不必完全一致，雕琢尽可以取其自然的模样，对置石既有统一，又富有变化，具有辩证关系的意境。

对置的山石常作为单独的一处造景，布置在墙边、拐角、花坛中以及整体景观的一隅等，与景点形成呼应，既不至于过度孤独，又不至于过度热闹，对置山石布置周围也可以辅以少量散石、碎石作为点缀，或配以植物或小品，但不宜过多，起到丰富景观层次的效果。

对置山石布景

三、散置

散置石景又称为散点布石，通常选用少数几块大小不等的景石，按照艺术审美的规律和自然法则搭配组合设计，即"攒三聚五"的做法。散置布石造景的目的性要明确，格局相对严谨，石与石之间聚散适宜，高低曲折，疏密有致，主次分明，营造出自然趣味的意境。避免石头大小相等、等距分布、直线排列等形成刻板景观印象。

散置的山石常布置在庭院内，既有机散落，又作为一个整体，深埋浅露，脉络显隐。在日式庭院中常用散置石景，以沙代水，以石代山，来体现枯山水景观，营造禅宗庭院空灵神秘之感，考验较高的布石手法。

散置石景能够用简单的形式，体现较深的意境，达到"寸石生情"的艺术效果。

散置山石布景

四、群置

　　群置景石是指由若干山石以较大的密度，有聚有散地布置成组群，以营造某种情景的置石手法。石组中可以包含若干个置石组群，布置时主从有别，即石头的大小、高低、间距、姿态也各有不同进行配置，构成群置状态的石景。

　　群置的山石结构类似于掇山，山石常依据墙根或水源而建，形成林间山水的样式，具有质朴的回归自然的意境，以利于户外休闲娱乐，在中式和自然风小庭院中较为常见。置石的数量相较于散置更多，置石的体量可大可小，埋土可深可浅，依据小庭院的整体景观需求而定，石群内各山石宜关系协调。

　　散置、群置一般采取浅埋或半埋的方式安置景石，景石布置好后，像自然状态岩石裸露出来，避免过多人工痕迹。

群置山石布景

灵动婉约舒缓：
水的布置样式

水景是庭院景观中最活泼、多变、具有吸引力的，不论是平静的水面还是跳动的喷泉，既吸引人们的注意力，又能有效调节小气候，是庭院中最具活力的场景。现代小庭院中水的律动和铺装、植物、小品等有机结合，形成多样的水景样式，成为独特的庭院景观。

一、喷泉

喷泉是由人工构筑的整形或天然泉池中，将水经过一定的压力再通过喷头喷洒出一种或几种特定样式的水景观。喷泉常与图案、花型、雕塑、小品及其他水景结合，设计出有趣的样式。

喷泉的喷头主要完成喷泉的艺术造型，按结构形式的不同，可以分为散射、直射、加气、雾化、水膜等类型；按喷射水形的不同，可以分为定向直射、开屏、扇形、喇叭花、涌泉、蘑菇、蒲公英及喷雾喷头等类型。

▲ 与水池搭配的小型庭院喷泉，是美丽的小型观赏水景

▲ 与景观陶罐结合的小跳泉，增加了小庭院灵动之气

▲ 典型欧式喷泉造型典雅，线条优美

▲ 直射小喷头喷泉水景，如山间涌泉，美观俏皮

二、跌水

跌水是由于地形的高差变化，使水产生跌落的现象，水由上游水域自由跌落到下游水域，形成似小瀑布的水景。跌水更多表现了水的坠落之美，在纵向的立体空间上有着很好的表现力。

根据跌水的层级，可分为单级跌水和多级跌水，跌水的落差和分级数目的建造，可根据地形、环境、风格、工程量等综合比较之后来确定。

跌水在形式和工艺上都具有美感，它轻快灵活的形态，几乎适合于各种风格类型的小庭院水景造型，是最常见的水景样式。

▲ 落差不一、宽窄不一的多级跌水水景，锈色景观结构结合湛蓝色水池，具有优美的色彩、节奏和秩序感

▲ 常见小庭院单级跌水，搭配绿意葱茏的水生植物，池底铺设鹅卵石，整体环境清雅怡人

▲ 借助赭色陶罐打造的小型跌水景观

▲ 借助地势高差打造的多级跌水景观

三、叠水

叠水之妙在于"叠"，其水流连续且分层流出或呈现阶梯状流出，相较于跌水落差小而层级多，水流或宽或窄，或曲或折，错落有致，展现递进式的层次之美。

▲ 天然石假山和水池形成的层层叠水，具有野趣

四、观赏水池

　　小庭院内的观赏水池一般分为动态和静态两种，动态水池常组合其他的水景样式，水池的深度在满足设计效果的前提下，尽量浅一些，保证安全并避免水资源的浪费。

▲ 配合柱状系列跌水的方形水池

▲ 拟自然的水流从山石上流下，形成一汪水池

▲ 与环境相称的现代跌水或自然跌水，搭配水池　　▲ 静态水池，具有安宁祥和的气氛

五、溪流驳岸

　　庭院内拟自然设计的溪流及驳岸，也是常用的水景样式。小庭院内溪流的面积较小，深度浅显，驳岸除了保护岸壁稳定，还起到美化水岸、丰富生态环境的作用。

▲ 现代新中式庭院中，自然石材和混凝土混砌溪流驳岸，既保留了传统中式的自然感受，又体现了新中式的简约风

▲ 自然的驳岸增添了庭院的荒野之美

▲ 现代自然风庭院的块石整砌溪流驳岸，整块石材与地面铺装连为一体，干净利落，优美的弧线增添了美感，三层台阶式石砌驳岸防止水位蔓延

不同庭院风：
景观小品的特色配置

景观小品在设计上要体现它的功能性、美观性和主题性，在不同的环境中要富有不同的样式特点，同时满足美化环境、保护生态等条件，且具有一定的时代感。它的存在反映了风格庭院场所空间特有的景观面貌、人文色彩和情趣特点。

一、桌椅

桌椅组合是最常见的庭院家具，现代桌椅组合除了传统样式之外，更多地表现为与其他元素相结合，以及不断地在原有基础上进行创新改变。在不失其功能的前提下，样式新颖的桌椅在为人们服务的同时，也吸引了人们的目光。

▲ 借助墙壁设计的木质座椅，矮墙自然形成靠背，座椅与周围环境融为一体

▲ 彩色条椅与周围植物色彩巧妙搭配

▲ 为庭院提亮色彩的银白色座椅组合

▲ 现代庭院设计的创新异形座椅

▲ 布艺座椅和垫子为庭院空间增加了柔性

二、雕塑

雕塑已经成为一种广泛存在于庭院中的景观小品，雕塑小品渲染了庭院整体环境的氛围，形成了特定的文化载体，也传递着庭院文化信息。通过一个艺术雕塑小品，可以看到庭院的景观内容，展示人文色彩和它独特的风格，能够吸引人们的视线，提高审美和生活情趣。

▲ 精简风格的意象雕塑，似磨盘又似车轮

▲ 彩色不锈钢制作的现代镂空雕塑小品，具有工业风

▲ 抽象且细高挑的站立人形雕塑，材质现代化

▲ 地球仪样式特色雕塑，使人联想到欧洲早期发达的航海历史

▲ 精灵的水晶小鹿雕塑为庭院空间增加了灵动、神秘、和睦的气氛

▲ 古朴典雅的日式石灯雕塑小品，搭配造型又美的原石，将和风展现得淋漓尽致

三、花箱、花架

花箱或大花盆、大花瓶、花架，为了满足植物栽植和攀援需求而广泛使用，成为庭院内常见的特色景观小品。花架通常装饰侧界面和顶界面空间，花箱灵活可移动，可组拼的特点，可应用在地面、窗户、墙面、露台、阳台、屋顶等位置。

▲ 盆栽植物装点的庭院一角和庭院大门

▲ 利用花箱装点的美丽窗台外景

▲ 现代钢骨架搭建的植物花架，既可以用来攀援，也可以用来悬挂植物

◀ 白色花架上附着开花的攀援植物，将花架和周围空间装扮得充满浪漫气氛

▲ 利用枯木、树墩制作的特色植物花箱，充满了自然风的荒野之美

◀ 工业做旧风格的花箱，别有一番风味

四、装饰小品

　　小庭院中起到装饰性作用，通常没有实际使用功能，但是体量相对较大且具有观赏和艺术审美特性，能够美化环境，提升景观趣味的景观小品，统称为装饰小品。

▲ 座椅后的红色装饰性景观小品充满趣味性

▲ 红色灶台在庭院空间中起到装饰作用

▲ 典雅的陶瓷花盆依附在墙壁一侧，内在的攀援植物与白墙形成色彩对比

▲ 橘色圆形景观小品为庭院风景做了巧妙点缀，其色彩有提亮作用

五、其他小品

布置在小庭院中的样式简单、使用方便，如标志牌、垃圾桶、健身器材、吊床、音箱、排水系统等服务于人们日常生活的基础设施，既能为日常生活提供便利，又能在一定程度上美化环境甚至形成小景观，这些归结为其他小品，应根据需要合理设计。

▲ 庭院内树立的鸟箱小品增添了田园的亲切感

▲ 小秋千架使庭院充满了活力和趣味

▲ 布艺和织物增加了庭院空间柔软可触摸的感觉

▲ 宽排的秋千提升了庭院使用的舒适度，吸引人们逗留

▲ 布艺吊床趋使人们使用，布艺沙发和悬挂在墙上的布艺饰品增添了庭院的亲切感

灵活运用单品：
容器、悬挂物和可移动家具做装饰

架子、花篮、铁皮容器、编织物、废旧木箱和桌椅，都是可供选择的良好装饰单品，只要加以合理地灵活运用，边角料也可以变身立体装饰的好材料。将装饰单品安置在适于展示的环境，是将其景观性最大限度发挥出来的好方法。

一、利用搁板、置物架

搁板、置物架、木板制成的工具箱以及具有类似功能的可固定在地面、墙面作装饰的容器，都可以用来设计立体布局，放置物品。

▲ 墙壁上的搁板放置了装饰物和灯烛，起到了环境美化作用

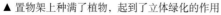
▲ 置物架上种满了植物，起到了立体绿化的作用

▶ 置物架的材料和形式多样，图中为水泥方砖，提高了竖向空间的利用率，增添了景观的生动感和趣味性

▶ 搁板和置物架栽种植物，盛放小品，提高了竖向空间的使用率，增添了景观的生动和趣味性

二、壁挂盆栽及植物装饰

　　墙壁、围栏、小品立面、花架顶棚，都可以作为操作基点，用绳子、挂钩、钉子悬挂花篮、盆栽，盆栽植物宜轻而小，南向抗旱，北向耐阴，打造文艺景观。

▲ 植物装饰作为有生命力且美观的设计元素，有效提升了庭院立面空间装饰的艺术活力

▲ 壁挂盆栽及植物装饰，作为有生命且美观的设计元素，是最有效提升庭院立面空间活力的方式

三、巧借花车、高脚凳

　　借用花车、高脚凳、靴子、水壶、废旧的木桌等可移动的小尺度户外家具，充当庭院景观台面，放置植物或者小品、装饰物，可移动整理、更换，可变换位置，增加小庭院的灵活性，非常方便。

▲ 植株搭配桌子、搭台、悬挂花篮等调整摆放的观赏位置，营造丰满、茂盛的景观效果

▶ 巧借闲置可移动物品作装饰，诸如废弃水桶、水壶、编织篮子、木箱、普通花盆等，经过巧妙搭配都能形成美观、丰富且有趣的组合景观

点亮灯光：
轻松营造浪漫氛围

景观照明是庭院设计发展的重要标志，已经成为一个新的艺术领域，与人们的生活息息相关。美丽的灯光景色展示了现代庭院的风貌，改善和提高了庭院景观品质，美化了夜晚的环境，营造了梦幻、浪漫的氛围，给夜间活动带来温馨和安全感。

一、庭院灯的种类

1. 地灯

地灯主要应用于草坪周围及地面、底部空间照明，常安装在地面或接近地面的台面，也有单独安置的地灯笼。地灯形态轻巧便捷，安装方便，具有一定装饰性，通常灯光较柔和。常见的草坪灯有古典灯、现代灯、欧式灯、工艺灯等。

▲ 庭院地灯应用于地面、草坪、底部空间照明，具有功能性和装饰性

2. 路灯

　　庭院路灯主要是给道路和节点照明的工具灯，通常安装在园路两侧或者角落阴暗处，给人们的夜间活动提供了便利和安全感。路灯的表现力和装饰性较强，通过调节亮度、高度、角度、对比度、色彩等因素，可营造不同感受的景观照明体验，丰富了景观层次。

▲ 庭院路灯主要给道路和局部节点照明，节点通常具有较好的景观性

3. 壁灯

壁灯具有优雅、富丽的形态样式，在小庭院景观中除了常用照明，还起到很好的装饰作用，能展现出庭院本身的特点和风格，使空间更富有艺术氛围。通过墙壁不同的色彩、质感及灯光照射的不同范围，实现墙壁的反射光，从而展现别致的照明风貌。

▲ 庭院壁灯安装在墙壁上，主要照亮局部重要区域，能展现庭院风格

二、小庭院灯的打光技巧

1. 注意灯光的对比关系

当夜幕降临，室内和庭院灯光同时打开作用在空间中的时候，要注意两者形成的对比。通常，室内的灯光会非常明亮，庭院夜景则更会显得黯淡。如果一定需要强烈的室内照明，建议在除了强光照明之外安装弱光灯，这样在没有生活需求的时候，可以关闭强光，单独打开弱光光源，给室内空间一个相对黑暗的环境，来突显和欣赏夜色的静谧和庭院的景色。

小贴士

室内灯光宜虚弱、间接，庭院灯光宜相对明亮、直接，人的视线自然地会被吸引到室外相对明亮的地方。从内向外观看时，既欣赏到美丽的夜晚景观，营造出丰富的生活情调，还突出庭院空间的亮度、广度和深度。

▲ 室内光线虚弱、间接，室外光线相对明亮，人们的视线被吸引至室外美丽的夜景当中

▲ 夜幕降临时，当室内较昏暗，室外较明亮时，庭院的观景效果是最好的

▲ 用灯光点亮的小庭院，绿植在光线下熠熠生辉

2. 留心植物的形态特征

庭院灯光布置要结合周围整体的环境，以最合适的角度和方式进行打光。打光的对象决定了灯光营造的夜景景观，相比起坚硬的庭院建筑和构造物，植物是夜景中最优美、舒展，更好塑造光影氛围的景物。

▲ 打光位置太接近树干根部，植物没有被照亮，打光方向狭窄抑仄，造成压抑的夜景环境

▲ 灯光打在了树干上，绝大多数的枝叶都不受光，由于树干的遮挡，周围环境也无法被照亮

　　为绿植打光的时候，要留心植物的形态特征，如树干的粗细，枝叶的稀疏，整体树形的密集程度，是否在打光的过程中容易形成厚重不美观的黑影，有必要的话进行打薄和修剪。另外，常绿树树叶较厚，不容易透光，宜从上方照射；落叶树树叶轻薄，容易透光，宜从多面照射，根据不同树型、株型进行打光。

▲ 多干树树干多，呈分叉状生长，树形优美婆娑，因为枝叶孔隙较大，在灯光下会形成影影绰绰的优美影像

▲ 常绿树的叶子通常为革质叶，较厚不透光，当光线打在枝叶上时，有敦实具象的感觉。图中近处为落叶树，远处为常绿树

▲ 单干树只有一条树干，呈直立生长，枝叶浓密，孔隙较小，注意在灯光照射下，不要形成浓重的黑影

▲ 落叶树的叶子通常为纸质叶，较薄较透，在光线透过时，有轻盈明快的感觉。图中高处为落叶树，矮处为常绿树

3. 设计灯光的照射方式

　　打光的方式要保持适度的距离，不适合在植物根部安装射灯，以免造成树干亮、树冠黑、阴影浓重的不美观的景象。打光的方向宜从植物的上方，模拟自然光照射，不要从墙的对面，植物的阴影宜婆娑秀丽，避免在墙上留下黑暗浓重的怪异阴影。

　　当照射高大树木时，宜使用宽配光、广角度、远距离，适当远离树干，将灯光打在整个树冠上，尽量让灯光将整个树冠笼罩；如果选用窄配光，则将灯光打在树梢的枝叶上，照亮树叶之美。当照射低矮的灌木和草本的时候，宜使用柔和的散光灯，或者使用可爱的景观灯，不要让光线太过强烈，莹莹点点，就会非常美观。

▶ 射灯与大树的距离较远，远离树干，使用宽配光、广角度、远距离模式，将光打在树冠上，照亮树冠的枝叶，形成明快优美的夜景景色

▶ 选用窄配光，角度没有宽配光广，可以照射树梢，照亮树叶之美，避免照射树干，形成狭长的阴影

▲ 在给贴近墙面的树打光时，将射灯调至从墙面向树的方向打光，在墙面留下少部分阴影，利于营造空间氛围

▲ 当照射低矮的草本植物时，宜使用柔和的散光灯，零星安装在草丛中，装饰地面空间

▲ 将射灯调至面向墙面打光，树影庞大浓重，影响美观

▲ 当需要为低矮灌木提供照明时，可以使用造型可爱、观赏性高的景观灯，穿插在草丛中，提升空间观赏效果

4. 均衡庭院的照明环境

丰富过渡区域的光影效果：当视线从室内观景区，穿越到庭院景观区的过程中，会经历从黑暗到弱光再到相对强光的区域的过程，弱光区就成为观赏夜景的过渡区域。可以加设诸如椅子、花盆之类的小设施来丰富过渡区域的光影效果，避免夜景轴线上的空白，使照明景观更连续，空间感更融合。

融入庭院水景倒影的景象：在有水景的小庭院中，不宜用强光直射水面，而是将灯光打在周边的景物上，使较弱的散射光和倒影映射在水面上，营造柔和宁静的气氛。

▲ 打光照亮了树木枝叶，放大的影子在天花板上留下了美丽的图案，树和建筑都倒映在平静的水面上，美轮美奂

▲ 打光照亮了树梢优美的枝叶，墙上没有留下浓重的阴影，照亮的树木倒映在水面上，星星点点，形成梦幻的环境景观

▼ 灯光打在大树的树冠上，照亮了树叶之美，树冠优美的倒影映射到平静的水面上，营造出非常和谐美观的整体夜景环境

▲ 灯光打在植物的枝叶上，同时照亮了石头的侧面，几束灯光已将整体画面的轮廓勾勒了出来，营造了优美的景观感受

　　避免其他景观设施的阴影：在打光的过程中，尽量避免灯光斜向照到诸如硬质景观小品等设施上面，留下黑暗怪异的阴影，影响美观。

　　布置衬托灯光效果的背景：灯光环境的影响因素包含所有的景观元素，庭院环境的大背景决定了整体空间的灯光效果。在布置灯光的时候，观察墙面的颜色、植物的搭配、石头的组合，家具的位置等，避免打光错位，喧宾夺主，不加审美随意照射等问题。